# 전쟁을 잇다:
# 전쟁, 무기, 전략 안내서

최현호 지음

# 전쟁을 잇다:
# 전쟁, 무기, 전략 안내서

타인의사유

## 추천사

지난해 발발한 우크라이나 전쟁은 많은 전문가들의 예상과 달리 우크라이나군이 선전하며 장기전 양상에 접어들었다. 우크라이나군의 선전, 러시아군의 고전 배경에 대해서는 국내외 전문가들의 다양한 평가와 분석이 이어지고 있다. 다만 젤렌스키 대통령을 비롯한 우크라이나 수뇌부와 국민, 장병들의 항전 의지와 정신력이 가장 본질적이고 중요한 요소라는 데 별 이견은 없는 듯하다. 이 밖에 보급의 중요성, 새로운 형태의 하이브리드전 등도 이번 우크라이나전의 특징으로 꼽히고 있다.

저자는 책 마지막 장에서 우크라이나전 교훈으로 다섯 가지 요소를 제시했다. 전장 리더십, 전파 통제, 드론 사용, 군수품 생산·비축·지원, 사이버 공격 방어 등이 그것이다. 핵심 요소를 일목요연하게 잘 정리했다고 본다. 특히 보안에 취약한 휴대 전화를 자주 사용한 러시아군이 위치 노출로 말미암아 우크라이나군의 공격을 쉽게 받은 것이나, 휴대 전화 통화가 우크라이나군에 녹음돼 여론전 같은 인지전에 이용된 것은 우리 군에도 시사하는 바가 많은 대목이다. 저자는 미 국방부도 휴대 전화 문제에 대해 우려하며 무전기나 지휘소에서 나올 수 있는 다양한 전자 신호 방출을 줄이는 방법을 모색하고 있다고 전한다.

이 책에서는 우크라이나전뿐 아니라 미중 패권 경쟁과 공급망 전쟁,

지상·해상·공중 무기 등 무기 일반론, 극초음속, 레이저 무기 등 '게임 체인저', 회색 지대 전략과 다영역 작전, 모자이크전 등 최신 전쟁 개념부터 전략까지 광범위한 군사 안보 주제를 소개하고 있다. 군사 마니아인 저자는 월간 〈국방과 기술〉 등에서 무기 체계 소개는 물론 깊이 있는 트렌드 분석 기고를 해왔고, 필자 또한 인상 깊게 봐왔다. 저자의 오랜 내공이 담겨 있는 이 책은 군사 안보, 무기 체계에 관심이 많은 학생들을 비롯해 일반 독자들에게 훌륭한 입문서로, 일독을 추천한다.

**- 유용원, 조선일보 군사 전문 기자·논설위원**

최근 우크라이나 상황은 많은 사람들의 '전쟁'에 대한 관점을 변화시켰다. 전쟁이 과거 혹은 남의 일이 아니라 현재 그리고 나의 문제가 될 수 있음을 재인식한 것이다. 전쟁과 군사 문제에 대해 관심을 갖는 독자들 또한 늘어나고 있다.

그래서 《전쟁을 잇다: 전쟁, 무기, 전략 안내서》의 출간이 진정으로 반갑다. 군사 문제에 대해 종합적이고 균형 있는 시각을 제공하고 있기 때문이다. 특히 독자들이 궁금하게 생각할 만한 요점을 미리 착안해 내용을 쉽게 정리했다는 점이 인상적이다.

'나라를 지키는 진정한 힘은 전쟁과 군사 문제에 대해 국가 구성원들이 어떤 생각을 가지느냐에 좌우된다'고 생각한다. 현존하는 위협 속에서 국가 구성원들이 병역 의무를 이행하는 대한민국에서는 더욱 그러하다. 이러한 관점에서 전쟁과 군사 문제에 관심 있는 분들의 일독을 자신 있게 추천한다.

**- 방종관, 서울대학교 미래 혁신 연구원 산학 협력 교수(예비역 소장)**

한 치 앞도 예상하기 어려운 요즘, 미래 전쟁 양상을 예측하는 것은 매우 어려운 일이다. 최신 기술이 접목된 무기 체계의 특성상 기술 발전 속도와 그 적용 실태를 파악하는 것이 쉽지 않고, 각국의 정치, 경제, 문화, 지리적 영향 등에 따른 전략과 전술이 제각기 다르기 때문이다. 저자는 이 책을 집필하기까지 무기 체계와 각국의 국방 정책과 신기술 분야에 이르기까지 다양한 분야에 관심을 갖고 꾸준한 연구를 펼쳐왔으며, 방위 산업 전문 저널과 주요 언론사 기고를 통해 내공을 다져왔다. 저자의 깊은 통찰과 지식이 총집결된 이 책을 통해 첨단화되고 복잡해진 현대전 양상과 무기 체계의 변화, 신냉전이 가속화되는 과정에서 국제 정세의 변화 등을 예측해봄으로써, 첨단 과학 기술과 방위 산업은 어떤 연관성이 있는지, 국방 분야에는 어떤 영향을 미치는지에 대한 전체적인 이해를 꾀할 수 있을 것이다.

**- 김민욱, 한국 방위 산업 진흥회 월간 <국방과 기술> 편집장**

미국 국방부에 방위 고등 연구 계획국DARPA이란 기관이 있다. 1957년 옛 소련이 세계 첫 인공위성 스푸트니크를 쏘아 올리자 충격에 빠진 미국이 이듬해 만든 게 DARPA다. 소련을 기술적 진보로 놀라게 한다는 게 설립 취지였다.

인터넷·컴퓨터 마우스·윈도·GPS 등이 이 DARPA에서 탄생했다. 핵 공격을 당하더라도 가동할 수 있도록 컴퓨터 네트워크를 나눠서 흩어놓은 게 인터넷이다. 전쟁은 인터넷 같은 과학 기술의 발전을 가져왔으며, 특히 냉전에서 그 속도가 빨랐다. 지금 세계는 신냉전으로 접어들고 있다. 앞으로 어떤 전쟁이 펼쳐지고, 또 어떤 기술이 나올지

가늠하고자 한다면 이 책을 읽어야 한다.

이 책은 과거와 현재, 미래를 꿰뚫으면서 군사뿐만 아니라 정치, 경제를 넘나들며 전쟁과 무기의 다양한 면모를 담아내는 미덕을 갖췄다. 군더더기 없이 짤막하지만 깊이 있는 설명이 장점이다. 페이지마다 저자의 엄청난 내공이 느껴진다.

현역 군인은 물론 외교 안보를 전공하는 학생과 밀리터리에 관심 있는 독자라면 참고서처럼 늘 옆에 둬야 할 책이다.

**- 이철재, 중앙일보 군사 안보 연구소장·국방 선임 기자**

## 프롤로그

우리는 매일같이 세계 곳곳에서 크고 작은 전쟁과 분쟁 관련 소식을 듣는다. 전쟁과 분쟁의 영향은 그 지역에만 국한되는 것이 아니라, 우크라이나 전쟁처럼 경제를 포함한 다양한 분야에서 전 세계에 영향을 미치고 다양한 뉴스를 만들어낸다.

전쟁이나 분쟁 외에 국민들의 관심을 끄는 것으로 방위 산업 제품의 수출을 꼽을 수 있다. 우리나라의 방위 산업은 우리 군의 수요를 충족시키는 것을 넘어 세계적으로 뛰어난 기술을 바탕으로 수출에 성공하면서 세계 방위 산업계에서 존재감이 커졌고 관련 소식에 대한 국내 수요도 커졌다.

이런 상황에서 국내 여러 매체는 물론이고 여러 유튜브 채널까지 국내외 군사 및 방위 산업 관련 소식들을 전하고 있지만, 대부분 그때그때 부각되는 작은 문제에 집중해 큰 그림을 놓치거나 심지어 잘못된 내용을 전달하는 경우가 많다. 이외에 전문적인 용어들이 많이 등장하지만 그것이 무엇을 뜻하는지 일반인들이 이해할 수 있도록 설명하는 경우도 드물다.

이와 같은 문제들은 뉴스를 소비하는 일반인들이 쉽게 이해할 수 있는 콘텐츠를 제공함으로써 해결할 수 있다. 필자는 이를 위해 그동안 써왔던 무기 체계, 전략 및 전술, 세계 방위 산업 등 다양한 분야의 글들을 분류하고 부족한 부분을 채워 넣었다. 참고로, 무기 체계나 전략 등에 대해서는 현재 공개된 2030년대까지의 전망을 토대로 작성했다.

이 책은 최근 벌어진 전쟁과 신냉전에 관해 설명한 1부 '변화하는 세계', 주요 무기 체계의 발전 방향을 소개한 2부 '무기 발전의 동향', 전쟁의 판도를 바꿀 무기로 주목받는 것들을 소개한 3부 '게임 체인저', 최근 미디어에 자주 소개되는 다양한 전략과 전술을 소개한 4부 '현대전과 미래전을 이해하기 위해 알아두면 좋은 용어', 최근 세계 무기 시장 동향을 소개한 5부 '세계 무기 시장 경쟁', 마지막으로 우크라이나 전쟁이 세계 여러 나라에 주는 교훈을 소개한 6부 '우크라이나 전쟁이 보여준 5가지 교훈'으로 구성되어 있다.

독자들을 대상으로 다양한 분야를 다룬 개론서를 집필하기 위해 내용을 쉽게 풀이하려 했기에 경우에 따라서는 세세한 설명이 부족하다고 느낄 수 있다. 이 점에 대해서는 책을 읽는 분들의 양해를 바란다. 이 책은 최근 경향을 반영하고 있지만, 시간이 흐름에 따라 변하는 부분과 새로 포함해야 할 부분이 생길 것이다. 그런 부분들은 개정판에서 다룰 수 있기를 희망하며, 필자가 기고하는 다른 매체 칼럼을 통해서도 소개할 예정이다.

이 책이 나오기까지 많은 분들의 도움을 받았다. 특히 한국 방위산업 진흥회의 월간 〈국방과 기술〉 김민욱 편집장님, 중앙일보 군사안보 연구소장 겸 국방 선임 기자인 이철재 기자님, 오랫동안 멘토가 돼준 계동혁 님에게 감사의 인사를 전한다. 그리고 늘 힘이 돼준 가족들에게도 감사를 드린다.

## 차례

# 1부. 변화하는 세계

군사 기술의 발전은 전쟁을 통해 이뤄져 왔다. 전쟁이라는 형태의 국가 사이의 경쟁은 기술 발전에 많은 투자를 가능하게 만들었고, 그 기술이 민간으로도 파급돼 경제적 발전을 견인해왔던 것이다. 20세기 들어 일어난 2번의 세계 대전과 이후 자유 진영과 공산 진영 사이에 벌어진 냉전 역시 군사 기술의 발전을 가져왔으며, 현재 활약하는 무기들은 그들의 유산이라 할 수 있다. 2020년대 들어 세계는 다시 새로운 냉전의 시대로 접어들었으며 이전과 다른 방식으로 군사 기술의 발전을 견인하고 있다.

2차 세계 대전이 끝난 후 세계는 자본주의와 공산주의라는 경제 체제에 속한 국가들 사이의 대립으로 냉전이 시작됐다. 이런 상태는 1991년 12월 소련이 해체될 때까지 지속됐다. 이후 자본주의를 받아들인 중국 및 러시아와 주변국 및 미국을 포함한 서방 간의 긴장이 높아지면서 새로운 냉전, 이른바 신냉전의 시대가 열리고 있는 것으로 보는 시각이 늘고 있다.

신냉전이라는 표현은 2010년대 말부터 본격적으로 사용되기 시작했다. 일반적으로 신냉전을 민주주의와 권위주의라는 정치 체제 사이의 갈등으로 보는 시각이 많다. 중국과 러시아로 대표되는 권위주의 체제 국가들은 법에 의한 지배, 국제 규범의 준수, 분쟁의 평화적 해결 등 민주주의 체제 국가들이 지키려는 것들을 종종 무시하고 있어 무력 충돌의 위험이 커지고 있다.

지금부터 미국, 러시아, 중국이 냉전 종식 후 어떤 과정을 거쳤고, 어떤 부분에서 충돌하며 신냉전이 형성됐는지 알아보자.★

# 1장

# 신냉전의 시대

# 혼란스러웠던 미국

과거의 냉전이 미국과 소련의 대결이었다면, 신냉전은 미국, 러시아, 중국이 경쟁하는 구도로 전개되고 있다. 소련이 붕괴되고 나서 들어선 러시아는 초기의 혼란을 수습하고 서방과 우호적인 관계를 맺으며 자본주의 사회로 진입했다. 중국은 1970년대부터 미국과 우호적인 관계를 유지하면서 덩샤오핑의 개혁 개방 정책을 통해 경제적으로 발전하기 시작했다.

그러다 2001년 9월 11일 전 세계를 커다란 충격에 빠뜨린 9·11 테러가 발생하면서 미국은 테러와의 전쟁을 대대적으로 선포했다. 미국은 먼저 테러를 감행한 알카에다의 근거지인 아프가니스탄을 침공했고, 이어서 대량 살상 무기 개발을 이유로 이라크를 침공했다.

당시 대부분의 나라들은 세계 유일의 초강대국이었던 미국의 손쉬운 승리를 예상했다. 그러나 예상과 달리 전쟁은 10년이 넘게 이어졌다. 막대한 전쟁 비용을 지출하면서 미국의 군 현대화 계획은 번번이 무산됐고, 이는 세계 최고 전력이라는 미국의 위상까지 흔들기 시작했다.

미국이 테러와의 전쟁이라는 수렁에서 헤어나오지 못하는 동안, 푸틴이 집권 중이던 러시아와 시진핑이 집권한 중국은 힘을 과시하며 본격적인 야욕을 드러내기 시작했다.

결국 미국은 오바마 대통령 시절 말기부터 중국과 러시아를 상대로 하는 이른바 '대등한 적'과의 전쟁을 준비하기 시작했다. 그 시작점은 2017년 12월 발표된 국가 안보 전략과 2018년 발표된 국방 전략이다. 미국은 두 문서에서 경쟁국을 압도하기 위해 군사력 현대화에 나설 것을 선언했다. 그러나 어마어마한 부채로 말미암아 막대한 비용이 요구되는 미군의 현대화에 투입할 수 있는 예산이 한정됨으로써 미국의 대응은 느리게 진행되고 있는 실정이다.

# 푸틴의 장기 집권으로 독재 국가가 된 러시아

미국이 대테러 전쟁을 벌이는 사이, 러시아는 블라디미르 푸틴이 2000년 5월부터 대통령, 2008년 5월부터 총리, 2012년 5월 다시 대통령이 되면서 장기 집권을 하고 있었다. 푸틴 집권 이후 러시아는 주변국에 압력을 행사하거나 무력 침공을 서슴지 않으면서 과거 소련 시절의 영향력을 회복하려는 시도를 해왔다.

2008년 8월 7일 조지아군이 자국 내 친러 지역인 남오세티야에서 군사 작전을 벌이자 러시아는 자국민 보호를 명분으로 군대를 진입시켰다. 러시아군의 공세는 남오세티야에 그치지 않고 조지아 전역으로 확대됐다가, 8월 16일 양국이 프랑스가 내놓은 평화안에 서명하면서 전쟁은 막을 내렸다.

러시아는 주변국 영토에 대한 강제 합병도 강행했다. 2014년 2월 러시아는 병력을 동원해 1954년에 우크라이나에 편입된 크름 자치 공화국을 무력으로 점령했다. 이후 크름 자치 공화국은 러시아군의 감시 아래 주민 투표를 통해 3월에 독립한 다음 러시아에 합병됐다.

러시아는 러시아계 주민이 많은 우크라이나 동부의 루한스크주와 도네츠크주 일대에서 분리주의 반군을 지원해 돈바스 내전도 일으켰다. 이 과정에서 2014년 7월 17일 네덜란드 암스테르담을 출발해 말레이시아 쿠알라룸푸르로 향하던 말레이시아항공 MH17편이 동부 우크라이나 지역에서 분리주의 반군이 발사한 지대공 미사일에 격추당하는 비극이 발생하기도 했다.

조지아 전쟁 때까지 별다른 움직임을 보이지 않던 미국과 유럽은 러시아에 대한 대대적인 제재를 발표하면서 러시아를 상대로 한 무기 및 군사 기술 판매를 중단했다. 그러나 러시아는 굴하지 않고 2022년 2월 우크라이나를 침공했다.

러시아는 직접적인 무력 사용 외에 다양한 방법으로 주변 국가들을 괴롭혔다. 그중에서도 특히 사이버전을 적극적으로 활용했다. 2007년 에스토니아, 2008년 조지아, 2015년 우크라이나 등이 러시아가 일으킨 사이버전으로 인해 사회 및 경제적 대혼란을 겪었다.

러시아의 공세는 미국과의 군비 관련 조약에도 영향을 미쳤다. 2018년 10월 미국은 러시아와 맺은 중거리 핵전력 협정INF을 탈퇴하겠다는 입장을 밝혔다. 이후 2019년 2월 러시아에 탈퇴를 공식 통보했고 6개월이 지난 8월 탈퇴를 공식 선언했다. 미국과 북대서양 조약기구NATO는 러시아가 INF에 어긋나는 무기를 개발했다고 주장했다.

그러나 러시아는 협정을 준수했으며, 오히려 미국이 루마니아와 폴란드에 배치한 이지스 어쇼어 미사일 방어 시스템에 공격용 미사일을 장착해 협정을 위반했다고 반박했다. 이에 미국은 유럽의 이지스 어쇼어에는 이란의 장거리 미사일 공격을 방어하기 위한 SM-3 요격

△ 강한 러시아를 표방하며 주변국과 지속적으로 충돌하는 푸틴 대통령[1]

미사일만 배치된다고 맞받아쳤다.

미국이 협정 탈퇴를 공식 선언한 다음 날 러시아는 군비 경쟁에서 절대 패하지 않을 것이라고 다시 한번 강조했다. 그러면서 2011년 체결돼 2021년 2월 만료 예정이었던 신 전략 무기 감축 협정New START의 연장 여부 역시 미국에 달려 있다고 경고했다. 진통 끝에 미국과 러시아는 협정을 5년간 연장하는 데 합의했다.

# 중국몽을 내세우는

# 중국

2001년 중국은 세계 무역 기구WTO에 가입하고 본격적으로 세계 무역 시장에 발을 들이며 경제적 번영을 누리기 시작했다. 당시 중국의 WTO 가입을 적극 후원한 미국의 빌 클린턴 대통령은, 중국의 WTO 참여가 미국 제품 수입에서 한발 더 나아가 언젠가는 자유 민주주의 진영으로의 편입으로 이어지리라 기대했다.

중국은 오랫동안 덩샤오핑이 강조한 '도광양회韜光養晦(자신의 재능이나 명성을 드러내지 않고 참고 기다리다) 정책'에 따라 조용하게 성장을 이어가면서 중국 중심의 경제 체제를 굳혀갔다. 이러한 지속적인 성장은 중국이 2010년 일본을 제치고 세계 2위의 경제 대국으로 부상하는 데 일조했다.

이후 2013년 3월 시진핑이 7대 주석으로 집권하면서 중국은 미국과 본격적인 경쟁 구도를 이루게 됐다. 러시아에 이어 중국까지 미국 주도의 세계 질서에 도전하며 신냉전의 한 축이 됐던 것이다.

중국은 동중국해 및 남중국해 일대의 영유권을 주장하거나 대만에 무력 통일을 선언하는 등 강력한 힘을 과시하며 미국 주도적 질서에 도전하고 있다. 또한 '일대일로一帶一路'라는 경제 협력 정책을 내세워 중앙아시아와 유럽을 잇는 육상 실크로드, 그리고 동남아시아, 유럽, 아프리카를 잇는 해상 실크로드를 통해 60여 개국을 중국과 연결하겠다는 의지를 표명하기도 했다.

일대일로는 시진핑 주석이 밝힌 '중국몽中國夢(중국의 꿈)'을 완성하기 위한 장기적인 계획이다. 시진핑 주석은 2013년 9월 7일 카자흐스탄 나자르바예프대학교 강연에서 '실크로드 경제 벨트'의 공동 건설에 대한 구상을 처음으로 제안했고, 10월 3일 인도네시아 국회 연설에서 '21세기 해상 실크로드' 구상에 대해 언급했다.

경제적으로 부유해지기 시작한 중국은 2008년 미국에 이어 세계 2위의 군비 지출국이 됐다. 중국은 1988년부터 군 현대화를 추진해 왔고, 걸프전을 통해 현대적인 군대의 능력을 확인하면서 군 현대화에 속도를 내기 시작했다. 중국군 현대화의 큰 줄기는 육군 위주의 대규모 군대에서 탈피해 미래적인 군사력을 구축하는 것이다.

이러한 노력은 2015년 12월 31일에 공개된, 군 지휘 체계를 개편하고 군 병력을 200만 명으로 감축한다는 계획에서 여실히 드러났다. 2013년 4월 중국이 발표한 국방백서에 의하면, 중국의 군 병력은 육군 7개 군구에 분산된 18개 집단군 85만 명, 해군 3개 함대 23만 5,000명, 공군 39만8,000명 등 총 230만 명이었다.

병력 감축과 달리 군 예산은 큰 폭으로 늘었다. 중국의 추정 국방비는 1989년 114억 달러, 2000년 229억 달러, 2010년 1,157억 달러, 2018년 2,500억 달러로 매년 크게 증가했다. 반면, 경제 성장 덕분에 국내 총생산GDP 대비 국방비는 줄어들었다. 세계 은행 자료에 따르면, 중국의 국방비는 1989년 2.4%, 2000년 1.8%, 2010년 1.7%, 2020년 1.8%를 차지했다.

중국군의 예산 증가와 현대화는 첨단 무기 개발과 배치로 이어졌다. 뿐만 아니라 동중국해와 남중국해에 인공 섬을 건설해 영유권을 주장하고 미국 해군이 대만을 지원하지 못하게 막는 도련선島鏈線, island chains 전략을 수행하는 데 원동력이 되고 있다.

도련선 전략은 1980년대 말 당시 중국 해군 사령관 류화칭이 만든 것으로, 류화칭은 중국 해군이 발전하는 데 기초를 닦은 인물이다. 도련선은 태평양의 섬들을 사슬처럼 이은 가상의 선으로 중국 해군의 작전 반경을 의미한다. 동시에 미국과 일본에게는 중국 해군 팽창의 신호로서 적극적으로 막아야 하는 경계이기도 하다.

류화칭이 설정한 도련선은 총 3개다. 첫 번째 도련선은 쿠릴 열도에서 시작해 일본, 대만, 필리핀, 믈라카 해협에 이르는 선으로, 중국 본토와 대만, 그리고 주변 지역에 대한 완충 지대 확보가 목적이다. 두 번째 도련선은 제1 도련선 바깥의 오가사와라 제도, 괌, 사이판, 파푸아뉴기니까지 이어지는 선이다. 세 번째 도련선은 중국이 대외적으로 공표하지 않았지만 알류샨 열도, 하와이, 뉴질랜드 일대로 이어지는 선으로, 태평양의 절반을 장악하겠다는 의도를 드러내는 선이다.

현재 중국 해군은 제2 도련선 목표 달성을 위해 항공 모함을 늘리는 등 전력 증강에 박차를 가하고 있다. 미국 해군 자료에 의하면, 중국 해군은 2020년 함정 340여 척을 보유하며 미국 해군의 규모를 앞지르기 시작했고 2035년에는 400여 척에 이를 것으로 전망했다. 이에 비해 미국 해군은 항공 모함을 포함해 대형 함정 위주로 구성돼, 총

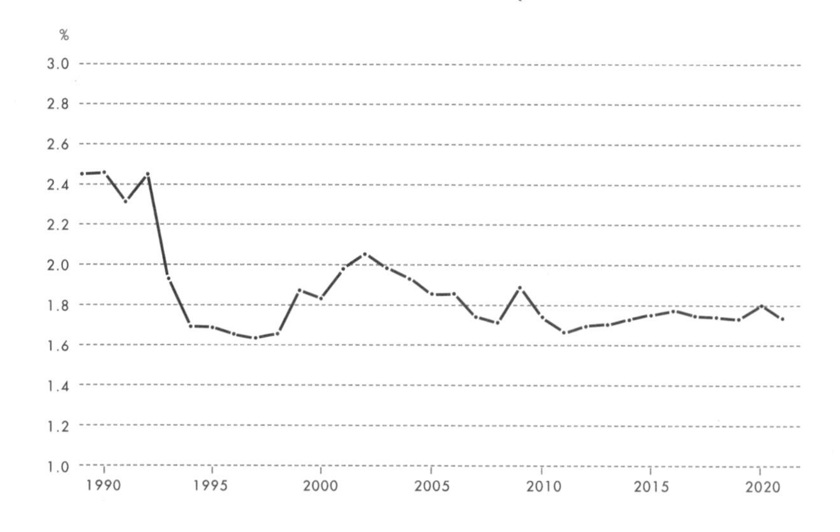


△ 중국의 GDP 대비 국방비 추이[2]

톤수는 중국 해군에 앞서지만 2021년 기준 함정 수는 296척으로 중국 해군에 뒤지기 시작했다.

중국은 강력한 해군력을 바탕으로 동중국해와 남중국해에서 섬으로 인정받지 못하는 산호초나 환초 등을 인공 섬으로 탈바꿈시켜 영유권을 강화하고 있고, 대만 독립에 대한 문제에 대해서도 위협적인 입장을 고수하고 있다. 또한 마찰을 빚고 있는 주변국 영해 인근으로 종종 전투함과 항공기를 보냄으로써 긴장을 조성하고 있다.

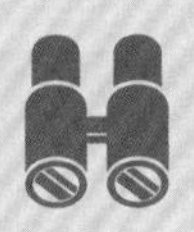

2020년 이후 강대국 간 경쟁으로 인한 신냉전이 본격화되는 가운데, 일부 지역에서는 민족, 종교 등에 기반한 오래된 갈등으로 인해 크고 작은 전쟁이 끊임없이 벌어졌다. 대부분은 이전과 다름없이 재래식 무기를 동원한 무력 충돌이었지만, 일부 전쟁은 이전에 보지 못했던 무기들이 동원되고 활약하면서 또 다른 무기의 발전을 보여줬다.★

# 2장

# 새로운 전쟁의 시대

# 2차 나고르노-카라바흐 전쟁

2020년 9월 27일 시작돼 같은 해 11월 10일 휴전 협상을 맺은 2차 나고르노-카라바흐 전쟁에서 최근 드론으로 더 많이 불리는 무인 항공기UAV와 소셜 미디어의 역할이 크게 부각됐다.

나고르노-카라바흐는 아르메니아와 아제르바이잔 사이에 위치한 지역이다. 아제르바이잔에 속하지만 인구 대다수를 아르메니아계가 차지하고 아르메니아가 실효적인 지배를 했다. 두 나라의 충돌은 구소련 시절부터 시작해 독립 후까지 이어졌다. 몇 차례 전쟁도 벌어졌는데, 1994년 5월 12일에 끝난 전쟁은 아르메니아가 넓은 지역을 점령하면서 막을 내렸다.

이후 아제르바이잔은 외국 자본을 도입해 카스피해 연안의 석유와 천연가스를 개발하기 시작했고 수출을 통해 경제적 발전을 이뤘다. 아제르바이잔은 러시아로 한정됐던 무기 도입선을 이스라엘과 튀르키예 등으로 다원화했다. 이스라엘에서 자폭 드론을 포함한 무인 항공기, 각종 미사일, 로켓 등을 구입했고, 튀르키예에서는 바이락타르 TB2 드론과 다연장 로켓 등을 도입했다.

아제르바이잔이 새로 도입한 무기 가운데 드론과 자폭 드론은 2020년 9월 27일 새로운 전쟁이 발발하면서 주목을 받았다. 전쟁 초기에는 이스라엘에서 도입한 자폭 드론이 선전했지만, 전반적으로는 튀르키예에서 도입한 바이락타르 TB2 드론의 활약이 두드러졌다. 자폭 드론은 일회용으로 한번 사용하면 추가 도입이 필요했지만, 바이락타르 TB2 드론은 회수해서 연료를 보충하고 무장한 뒤 재출격이 가능했다. 아르메니아도 드론이 없었던 것은 아니나 아제르바이잔에 비해 양적, 질적인 면 모두 떨어졌다.

외국산 무기와 함께, 아제르바이잔은 보유 중이던 구소련제 An-2 복엽기를 무인화하고 내부에 폭탄을 채워 공격용 무기로 활용했다. An-2는 조종사에 의해 날아올랐다가 조종사가 탈출한 뒤 목표 지점으로 계속 날아간다. 이 An-2를 격추하기 위해 아르메니아 방공 무기가 발사되면 아제르바이잔군이 위치를 파악해서 공격하고 공격에 실패할 경우 목표 지점으로 떨어져 자폭한다.

압도적 군사력으로 승리를 거머쥔 아제르바이잔은 유리한 입장에서 휴전을 맞이했다. 이 전쟁의 또 다른 승자는 아제르바이잔에 무기를 공급한 튀르키예였다. 튀르키예는 자신들이 개입했던 시리아와 리비아 외에 다른 나라가 수행한 전쟁에서 자국의 무기 성능을 입증하면서 무기 수출에 날개를 달았다. 덕분에 튀르키예는 미국, 이스라엘, 중국 삼파전이던 무인 항공기 시장에 새로운 경쟁자로 떠올랐다.

단, 튀르키예의 성공은 무인 항공기로만 이뤄진 것은 아니다. 2020년 7월 한 세미나에서 영국의 국방 장관은 중동과 북아프리카에서 튀르키예 무인 항공기가 게임 체인저 역할을 하고 있다고 밝혔다. 뿐만 아니라 그는 튀르키예가 무장한 무인 항공기와 함께 전자전을 벌였고, 스마트탄으로 전차, 장갑차, 대공 방어 시스템을 파괴했다고 강조했다.

이 전쟁에서 활용된 또 다른 무기로 유튜브나 트위터 같은 소셜 미디어를 꼽을 수 있다. 아제르바이잔과 튀르키예는 드론에서 촬영한 영상을 선전전에 적극 활용했다. 아제르바이잔은 국방부 유튜브 같은 소셜 미디어와 수도 바쿠의 전광판에 매일 새로운 영상을 올리면서 전과를 자랑했다. 무기를 공급한 튀르키예 미디어들도 아제르바이잔이 제공한 영상을 통해 자국이 생산한 무기의 성과를 홍보했다.

승전국은 아제르바이잔이었지만, 튀르키예는 자신들의 무기 성능

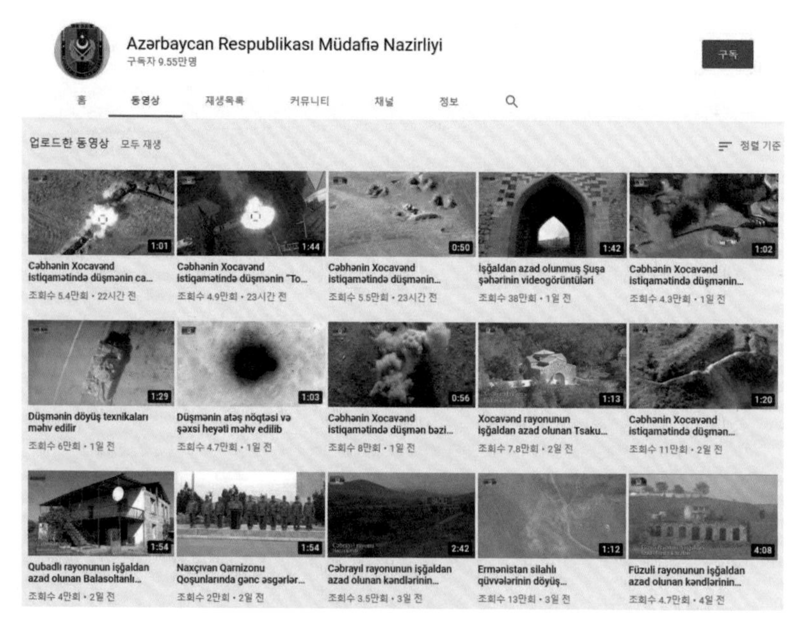


△ 아제르바이잔 국방부의 공식 유튜브 채널에 올라온 드론에서 촬영된 영상[3)]

을 전장에서 증명하면서 방위 산업 수출 증가라는 거대한 이득을 챙겼다. 반면에 이 지역에서 오랫동안 영향력을 행사해온 러시아는 전쟁을 막지 못했을뿐더러 아르메니아가 도입한 수많은 러시아제 무기들까지 제대로 작동하지 않음으로써 외교와 방위 산업 수출 모두에서 뒤처진 모습을 보였다.

# 우크라이나 전쟁

2차 나고르노-카라바흐 전쟁은 인상적인 드론의 활약과는 별개로 세계 정세에 큰 영향을 미치지 않았다. 아제르바이잔과 아르메니아가 상대적으로 약소국인 데다 조지아를 거쳐 튀르키예로 연결되는 아제르바이잔의 천연가스 파이프라인도 피해를 입지 않았기 때문이다. 그런데 이 전쟁에서 과거의 영향력을 발휘하지 못한 러시아가 새로운 전쟁을 벌이면서 전 세계에 큰 파장을 일으켰다.

현지 시각으로 2022년 2월 24일 러시아의 푸틴 대통령이 '특별 군사 작전'을 지시하는 것으로 전쟁이 시작됐지만, 그에 앞서 러시아와 우크라이나는 이미 전시 상황이나 다름없었다. 우크라이나는 2014년 2월 크름 반도가 러시아에 강제로 합병당했고, 4월부터 민스크 협정으로 휴전이 선언된 9월까지 러시아의 지원을 받은 돈바스 지역의 친러 반군과 전쟁을 벌여왔다. 러시아는 돈바스 전쟁이라 불리는 이 전쟁에 개입한 사실을 부인했으나 직접적인 개입을 보여주는 증거는 많았다.

돈바스 전쟁은 러시아가 군사 교리로 채택한 비정규전과 정규전이 혼합된 '하이브리드 전쟁'으로 수행됐다. 러시아는 자신들에게 호응하는 친러계 주민들이 많은 동부에서는 군사력을 사용했고, 서부 지역에서는 변전소 관리 시스템에 대한 여러 차례의 사이버전을 통해 전력망을 마비시키는 피해를 입혔다. 또한 우크라이나 동부 지역에서 전자전 장비로 우크라이나군의 무선 통신을 제압하고, 우크라이나 군인들의 휴대 전화에 항복을 종용하는 문자 메시지를 전송하는 등 광범위한 전자전을 펼쳤다.

러시아의 우크라이나 침공은 우크라이나 북쪽의 벨라루스, 크름반도, 돈바스 지역에서 시작됐다. 대부분의 군사 전문가들은 압도적인 군사력을 보유한 러시아의 손쉬운 승리를 점쳤다. 그러나 우크라이나는 쉽게 무너지지 않았다. 오히려 벨라루스를 통해 침공한 러시아군을 격퇴시켰고, 동부와 남부 지역에서도 러시아군에 밀리지 않았다.

우크라이나는 미국과 유럽이 결성한 안보 동맹체인 NATO 회원국이 아니기 때문에 혼자 싸워야 했다. 하지만 2014년 이후 장비를 늘리고 미국과 다른 유럽 국가들로부터 군사 훈련을 받으면서 군사 혁신을 이뤄냈다. 더불어 미국 등에서 도입 및 지원을 받은 첨단 무기들이 전쟁에서 크게 활약했다.

전쟁 초기 우크라이나군은 러시아군의 작전 단위인 대대 전술단의 허점을 파고들었다. 대대 전술단은 지원 중대와 전차 중대 등을 함께 편성해서 독립적인 작전을 가능하게 한 대대급 부대다. 문제는 러시아가 충분한 장비와 병력을 갖추지 못한 상태로 전쟁을 일으킨 데에다 보급마저 열악해 상황을 악화시켰다는 것이다. 뿐만 아니라 러시아는 자신들의 장기인 무인 항공기로 정찰 후 포격하는 화력전을 수행하지 못하고, 전자전도 제대로 펼치지 못하는 등 여러 문제를 노출시켰다.

우크라이나는 젤렌스키 대통령이 결사 항전 의지를 밝히면서 국민들의 결집을 끌어냈고, 미국제 재블린 대전차 미사일, 스웨덴제 NLAW 대전차 로켓, 튀르키예제 바이락타르 TB2 드론 등을 동원해 러시아군을 공격했다. 우크라이나 국민들은 바이락타르 TB2를 찬양하는 노래를 만들었고, 성聖 재블린, 성 NLAW라는 인터넷 밈meme도 생겨났다.

재블린과 NLAW의 활약으로 러시아군 전차들이 큰 피해를 입자 현대전에서 전차의 역할은 끝났다는 '전차 무용론'이 거론되기 시작했다. 하지만 전장이 동부 지역으로 옮겨가며 과거처럼 포병을 동원한 화력전과 보병, 전차를 이용한 전투가 진행되면서 전차의 중요성이 다시 커졌다.

러시아는 즐겨 하던 사이버전뿐만 아니라 전자전에서도 큰 성과를 거두지 못했다. 이는 NATO를 중심으로 한 서방 국가들의 지원 및 돈바스 전쟁으로 러시아군의 전술과 전략을 경험한 우크라이나의 대비 덕분이었다.

우크라이나 전쟁에서는 상업용 시스템의 활약이 두드러졌다. 대표적으로 상업용 드론과 '스타링크'의 위성 인터넷을 꼽을 수 있다.

전투에서의 상업용 드론 사용은 시리아와 이라크 북부 지역에서 활동한 이슬람 극단주의 단체인 이슬람 국가IS를 통해 알려졌다. 우크라이나 전쟁에서는 두 나라 모두 정규군이 중국 DJI 제품 등 상업용 드론을 대량으로 운용하는 모습을 보여줬다.

이 전쟁에서 떠오른 또 다른 상업용 시스템으로는 일론 머스크가 설립한 위성 인터넷 서비스인 스타링크가 있다. 스타링크는 지구 저궤

△ 우크라이나를 침공한 러시아군 전차의
선명한 Z자[4)]

도에 수많은 위성을 띄워놓고 어디서든 빠른 인터넷 서비스를 제공하는 것을 목표로 한다. 우크라이나군은 장거리 통신 장비가 부족한 상황에서 스타링크를 전선과 지휘부를 빠르게 연결하는 수단으로 삼았다. 우크라이나군은 스타링크를 다양하게 활용했는데, 러시아군이 장악한 부두를 공격하는 무인 자폭 보트를 조종하는 용도로도 사용했다.

우크라이나 전쟁은 러시아군의 고질적인 문제들을 드러내는 한편, 그동안 여러 차례 행해진 러시아의 공세에도 별다른 반응이 없던 서유럽 국가들이 국방비를 늘리고 군사 대비 태세를 강화하는 계기가 됐다.

세계는 총성 없는 또 하나의 전쟁을 치르고 있다. 강대국 경쟁, 우크라이나 전쟁, 그리고 전 세계를 강타한 코로나19 대유행은 군사적으로는 물론 산업적으로도 큰 영향을 끼치면서 공급망 전쟁이라는 전 세계를 위협하는 문제를 만들어냈다.★

# 3장

# 공급망 전쟁

# 희토류

## 중국의 작지만 강력한 무기

희토류는 원소 기호 21번 스칸듐Sc, 39번 이트륨Y, 57~71번 란탄계 원소 15개 등 17개 원소를 말한다. 비슷한 성질을 가지며 광물 형태로는 희귀한 원소라서 희토류라는 이름이 붙었다. 화학적으로 매우 안정적이고 건조함을 잘 견디며 열을 잘 전도하는 특성이 있어 스마트폰, 원자로, 태양광 패널, 군용 무기, 광섬유, 반도체, 전기차 배터리 등 여러 분야에 필수적이다. 희토류가 세계적인 문제로 떠오른 것은 미국과 중국의 경쟁 때문이다. 미국은 2010년대 중반부터 중국과의 무역 불균형 문제를 해소하기 위해 다양한 제재를 가했다. 대표적으로 5G 분야에서 두각을 나타낸 중국 화웨이에 대한 제재를 들 수 있다. 거대한 미국 시장에 의존하는 중국은 처음에는 마땅한 대응책을 찾지 못하다가 자신들이 세계 공급망을 장악하고 있는 희토류의 무기화를 검토하기 시작했다.

중국은 세계 희토류 생산에서 큰 비중을 차지하고 있다. 미국도 전 세계 매장량의 13%를 보유하고 있지만, 채굴 및 생산 과정에서 많은 환경 문제가 일어나고 이로 인해 제반 비용이 발생함으로써 시장성을 문제 삼아 채굴을 중단했다. 이런 상황은 전 세계 희토류 매장량의 23%를 차지하지만 생산량은 90% 이상인 중국에 자원 무기화 가능성을 열어줬다. 2010년 중국은 조어도(일본명 : 센카쿠 열도, 중국명 : 댜오위다오)에서 발생한 중국인 선장 체포 사건을 빌미로 일본에 희토류 수출을 중단하고 일본을 굴복시키기도 했다. 중국은 우위에 있는 희토류 공급자로서 미국을 옥죄려 한다. 하지만 미국 정부는 자체 생산을 확대하고 희토류 생산국인 호주 같은 동맹국과 협력함으로써 문제 해결을 도모하고 있다. 더불어 희토류가 발견되고 있는 아프리카 지역 국가들과의 협력도 시도 중이다. 이에 중국은 서방 국가들이 대출을 꺼리는 이 지역 국가들에게 경제 지원을 하면서 견제하고 있다.

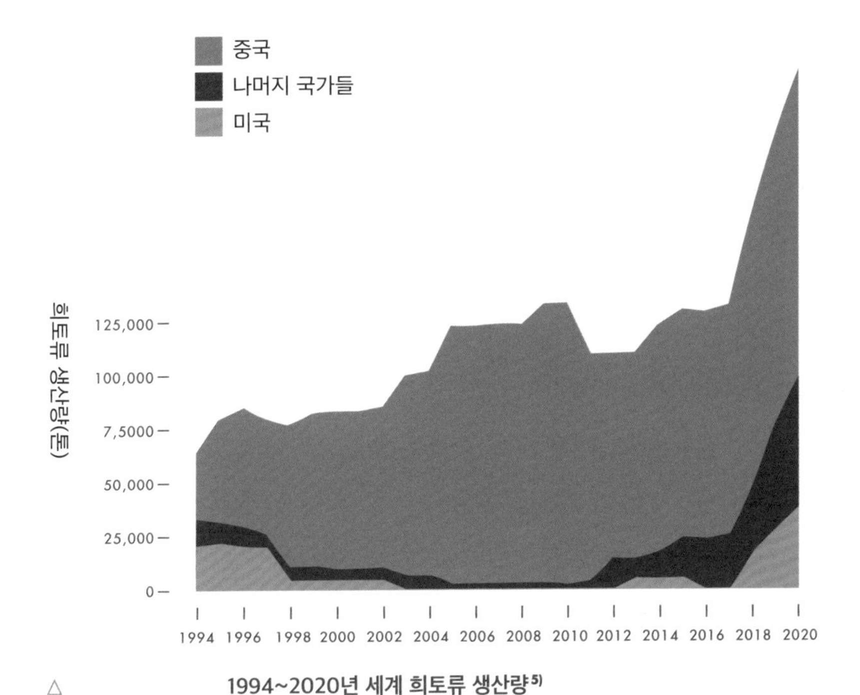


△ 1994~2020년 세계 희토류 생산량[5]

# 글로벌 공급망 문제

희토류 문제가 수요와 공급의 문제였다면, 코로나19 대유행은 물류망 전체를 흔들어 공급을 부족하게 만들었다. 공급망 문제에는 다양한 원인이 있다. 중요한 부품 제작에 필요한 원자재 부족, 선적 컨테이너 부족과 같은 완제품 운송 시 병목 현상, 선적 인력이 불충분해 발생하는 항구 정체, 운송 능력을 지닌 트럭 부족 등이 그것이다.

여기에 러시아의 우크라이나 침공이 더해지며 공급망 문제는 더욱 심각해졌다. 미국과 유럽은 러시아에 각종 제재를 부과하고 러시아에서 공급받던 자원을 대체할 공급원을 찾고 있다. 동시에 러시아가 금지된 부품을 사용하지 못하도록 공급망을 점검하고 있다.

공급망 문제는 미국과 유럽이 우크라이나를 지원하거나, 자국의 군사 대비 태세를 강화하는 데 필요한 무기와 탄약을 만드는 데 영향을 준다. 무기 중에서도 특히 정밀 유도 무기는 짧은 시간 내에 생산할 수 없으며 일부 부품은 제작에 상당한 시간이 필요하다. 게다가 제작사 입장에서 주문 시기와 가동 기간에 대한 정확한 정보 없이 마냥 제작 라인을 유지하는 것은 어려운 일이다.

미국이 테러와의 전쟁이라는 수렁에서 헤어나오지 못할 때 힘을 키운 중국과 러시아는 신냉전의 한 축인 권위주의 체제의 중심이 됐고, 과거 냉전 시대보다 더 많은 영향력을 세계에 미치고 있다. 러시아는 우크라이나 침공에 대한 제재가 부과되자 석유와 천연가스로 유럽을 흔들었고, 중국은 막강한 경제력과 세계 공급량의 대부분을 차지하는 희토류로 민주주의 진영 국가들을 위협하고 있다.

그럼에도 두 진영은 완전한 결별이 어렵다. 러시아와 함께 권위주의 체제를 대표하는 중국은 막대한 인구에 따른 시장 규모 때문에 서방권 국가들에게 버릴 수 없는 상대다. 이런 이유로 유럽과 미국에서는 중국에 대한 의존에서 오는 위험을 줄인다는 개념의 '디리스킹derisking'이 부각되고 있다. 중국과 러시아 역시 이익을 위해 공세를 늦추지 않을 것으로 보인다.

앞으로 두 진영이 어떻게 갈등을 조절할지, 아니면 새로운 갈등이 생겨날지 눈여겨볼 필요가 있다.

# 2부. 무기 발전의 동향

1991년 걸프전 당시 세계는 CNN의 생중계를 통해 실시간으로 이라크 바그다드의 중요 목표를 타격하는 토마호크 순항 미사일의 위력을 목격했다. 이제는 텔레비전이나 유튜브, 트위터 같은 소셜 미디어를 통해 전쟁에 사용되는 여러 무기를 접할 수 있다.
세계 각국은 다양한 무기를 생산하고 있지만 첨단 능력을 갖춘 무기를 생산할 수 있는 나라는 얼마 되지 않는다. 첨단 무기의 개발은 첨단 기술이 뒷받침되지 않으면 불가능하기 때문이다. 상대적으로 과학이 발달한 선진국들은 보유하고 있는 첨단 기술을 통해 끊임없이 첨단 무기를 개발하고 발전시키고 있다. 물론 아무리 훌륭한 첨단 무기라 할지라도 천적이 등장하면 그 위상이 무너지기도 한다.

전투나 전쟁의 대부분은 지상에서 일어난다. 첨단 미사일과 드론만으로는 전쟁을 할 수 없고, 전투기로 제공권을 장악한다 치더라도 종전은 지상 전력의 몫이다. 지금부터 지상군이 사용하는 전차, 장갑차, 화포 등의 무기가 어떻게 발전하고 있는지 살펴보자.★

# 1장

# 지상 무기

# 무용론을 불식시킨 전차

지상에서 사용하는 무기는 다양하지만 대표적인 장비로 두터운 장갑과 강력한 포로 무장한 전차를 꼽는다. 그러나 중요한 전쟁이 터질 때마다 새로운 무기에 무력한 모습을 보임으로써 '전차 무용론'이 대두되기도 했다.

## 전차 무용론의 등장

전차 무용론은 전차가 처음 등장한 1차 세계 대전 당시 느린 속도와 약한 장갑 때문에 나왔다. 1973년 10월 6일 발발한 욤 키푸르 전쟁으로도 불리는 4차 중동전에서 이집트군이 구소련제 대전차 미사일로 이스라엘 전차 부대를 격파하면서 전차 무용론이 제기됐지만 곧 잠잠해졌다. 그러다 2022년 2월 발발한 우크라이나 전쟁에서 서방제 대전차 미사일과 드론으로 러시아군 전차가 파괴되는 장면이 유튜브에서 공개되며 전차 무용론이 다시 고개를 들었다.

하지만 전쟁 초기 우크라이나군이 대전차 미사일과 드론으로 많은 전과를 거둘 수 있었던 이유는 군을 소규모 부대로 분산시켜 치고 빠진 전술 덕분이었다. 이후 전선이 동부 지역으로 한정되면서 우크라이나군도 러시아군처럼 대포와 전차를 대량으로 사용하기 시작했고, 부족한 수를 메우기 위해 서방 국가들에게 포와 전차를 요구했다.

결국 전차 무용론자들의 논리는 전쟁 초기의 일부 특정 상황만 부각시킨 것에 불과했다. 세계 많은 나라들이 전차를 미래 전력에 계속해서 포함시키고 있다는 데서도 전차의 중요성은 증명되고 있다.

## 신형 전차

전차 무용론을 무색하게 하는 신형 전차도 속속 등장하고 있다. 러시아는 2015년 러시아의 대독 전승 기념일(5월 9일)을 앞두고 새로운 설계를 채택한 신형 전차 T-14 아르마타를 공개했다. T-14는 그동안 전차의 대표적인 인원 배치 구성이었던 차체 앞에 조종수, 포탑에 지휘관과 사수라는 개념을 깨고, 차체 앞에 지휘관, 사수, 조종수를 나란히 배치하는 설계를 채택했다. 이렇게 전체 탑승 인원이 차체 앞에 배치되면서 포탑은 자연스럽게 무인 포탑이 됐다.

서방 국가들 또한 신형 전차 개발에 나서고 있다. 프랑스와 독일은 2035년까지 각자 운용 중인 르클레르 전차와 레오파드2 전차를 대체할 신형 전차를 개발하는 것을 목표로 하는 MGCS 프로그램을 진행 중이다. 두 나라는 2018년과 2022년 프랑스 파리에서 열린 지상장비 전시회인 유로사토리에 EMBT라는 기술 실증 차량을 전시했다.

△ 우크라이나 전쟁 초기에 무용론이 제기됐다가
이후 여전히 중요한 전력임을 증명한 전차[1)]

EMBT는 차체는 레오파드2를, 포탑은 르클레르를 활용하는 것을 기반으로 개량되고 있다.

**| 독일 |**

독일의 라인메탈은 레오파드2 차체에 신형 포탑을 탑재한 KF51 판터라는 독자 개발 모델을 2022년 유로사토리에 처음으로 공개했다. 미국의 M1 에이브럼스 전차 개발사인 제너럴 다이내믹스도 2022년 10월 미국 육군 협회 콘퍼런스 및 전시회에서 독자 개발한 기술 실증 모델인 에이브럼스-X를 공개했다. 다만 현재 운용되는 대부분의 전차는 기존 모델들을 개량한 것이다.

전차의 핵심은 적을 파괴하는 화력, 적의 공격을 막아내는 방어력, 빠르게 움직이는 기동력이다. 이 세 가지 요소는 서로 큰 영향을 주고받으며, 특히 화력은 전차포에서 나온다.

△ 무인 포탑을 채택한 러시아의 최신형 전차 T-14 아르마타[2)]

전차는 나온 시기에 따라 세대가 구분된다. 현재 운용되는 3세대 및 3.5세대 전차에서 서방권은 120mm 활강포, 동구권은 125mm 활강포를 사용한다. 전차의 방어력이 강화되자 서방권과 동구권 모두 상대편의 전차를 파괴할 방법을 찾았다. 이 작업의 일환으로서 최근까지 포신의 길이를 늘여 포탄이 발사되는 속도를 올리거나, 포탄에 최신 기술을 접목시킨 신형 관통자를 적용하는 등 파괴력을 높여왔다.

하지만 이런 방법이 한계에 부딪히면서 전차포의 직경, 즉 구경을 늘이려는 시도가 이어지고 있다. 구소련의 신형 전차가 135~152mm 전차포로 무장할 것으로 예상되던 냉전 말기에도 구경 확장 시도가 논의된 적이 있었지만 냉전 종식과 구소련의 붕괴로 현실화되지 못했다. 그러다 2000년대 후반부터 러시아가 공세적으로 돌아서면서, 독일과 프랑스를 비롯한 여러 유럽 국가들은 러시아의 신형 전차에 대응하기 위한 준비를 해오고 있다.

△ 130mm 포를 탑재한 라인메탈의 KF51 판터 전차[3)]
▽ 모니터로 외부를 볼 수 있는 KF51 판터 전차의 전차장석[4)]

독일의 라인메탈은 기존 120mm 전차포를 탑재한 전차에 최소한의 개조로 탑재할 수 있는 130mm 전차포를 개발했다. 라인메탈은 2022년 유로사토리에 공개한 KF51 판터에 130mm 포를 탑재했다.

**| 프랑스 |**

MGCS와 EMBT 프로그램을 진행하고 있는 독일과 프랑스의 합작사 KNDS에 참여 중인 프랑스의 넥스터는 신형 140mm 주포를 개발했다. 넥스터는 자사가 연구해온 140mm 전차포 기술을 발전시켜 2020년 4월 새로운 전차용 주포와 탄약 체계인 아스칼론ASCALON을 공개했다.

일반적으로 전차포의 구경이 커지면 전차 포탄의 길이도 길어진다. 하지만 포탑 내부 공간의 제약으로 인해 포탄 길이를 늘이는 데는 한계가 있다. 구소련은 좁은 포탑 때문에 생긴 문제를 포탄과 장약을 분리하는 방법으로 해결했다. 다만 이 경우 전차 파괴에 주로 사용되는 날개 안정 분리 철갑탄의 관통자 길이가 짧아져 높은 관통력을 내기 어렵다.

아스칼론은 이와 같은 문제를 해결하기 위해 탄두나 관통자를 탄피 속에 넣어 추진 장약에 묻힌 탄두 내장형 탄약CTA 형태로 포탄을 개발했다. CTA탄은 같은 구경의 일반탄과 비교해 관통력이 유지 및 향상되면서도 길이가 짧아짐으로써 보관에 필요한 공간이 대폭 줄어든다.

△ **넥스터가 개발한 140mm 전차포 아스칼론**[5]

**| 러시아 |**

최신 전차인 T-14 아르마타에 탑재된 2A82-1M 125mm 활강포와 신형 3BM60 APFSDS탄은 서방의 최신 전차를 충분히 파괴할 수 있다는 평가를 받고 있다. 단, 서방에서 120mm보다 큰 구경의 전차포를 배치한다면 더 큰 구경의 전차포를 도입할 가능성이 크다.

화력 강화는 상대방의 방어력 강화를 가져온다. 그동안 서방은 러시아의 신형 전차에 개량형을 만들면서 장갑을 늘리는 것으로 대응했으나 이런 방법은 무게 증가라는 한계가 있다. 대표적으로, 미국의 초기 M1 전차는 54톤이었지만 최신 M1A2 SEP V3 전차는 66.8톤이고, 독일의 레오파드2 전차는 A4가 55톤이었지만 최신형 2A7은 67.5톤이다.

미국, 독일 등 서방권의 전차가 급격히 증가한 무게를 견딜 수 있었던 것은, 이런 개량을 예견하고 무게 증가를 견딜 수 있도록 제작된 강력한 엔진 덕분이다. 미국의 M1 계열 전차는 1,500마력을 낼 수 있는 가스 터빈을 달았고, 독일의 레오파드2 전차는 1,500마력을 낼 수 있는 디젤 엔진을 달았다.

엔진 기술이 서방보다 떨어지는 러시아는 최대 1,100마력 디젤 엔진을 달았고, T-14에서야 1,500마력 디젤 엔진을 달기 시작했다. T-14 이전의 러시아 전차들은 출력에 여유가 없어 전차 장갑을 늘리기보다 차체에 폭발 반응 장갑ERA 같은 보조 장갑을 다는 방법을 택했다.

장갑은 중량과 부피 문제로 무한정 늘릴 수 없다. 그래서 중량 증가를 최소화하는 동시에 방어력을 보강하기 위해 나온 것이 능동 방어 시스템APS이다. APS는 크게 탐지와 대응 체계로 구성된다. 탐지는

다가오는 위협을 탐지하기 위해 레이더나 적외선 센서 등이 사용되는 것이다. 대응 체계는 적의 관측을 방해하기 위한 연막 같은 소프트 킬과 날아오는 위협을 무력화시키는 요격탄 같은 하드 킬로 나뉜다.

APS를 처음 개발한 국가는 구소련이다. 구소련은 아프가니스탄 침공에서 얻은 교훈을 바탕으로 드로즈드라는 세계 최초의 APS를 개발했다. 이후 아레나 등 다양한 APS를 개발했으나 일부 차량에만 채택하는 정도에 그쳤다.

T-90에는 포탑 전면부 양쪽에 쇼트라-1이라는 소프트 킬 APS가 달렸다. 쇼트라-1은 레이저 유도나 광학 유선 유도 방식의 미사일에 대응하기 위해 개발된 것으로, 재블린 같은 첨단 대전차 미사일에는 효과가 없다. T-14에는 더 발전된 아프가닛이라는 APS가 달렸다. 아프가닛은 포탑 아래에 있는 능동 요격 시스템과 포탑 좌우 측면의 소프트 킬용 연막탄으로 구성된다.

### | 이스라엘 |

러시아 외에 APS를 적극적으로 도입한 나라는 여러 차례 전쟁을 겪으면서 전차의 취약성을 확인한 이스라엘이다. 이스라엘은 1990년대 후반 레바논 남부와 인접한 지역에 배치한 메르카바 Mk.3 전차에 퍼플 선더라는 소프트 킬 APS를 장착했다.

2009년부터는 하드 킬 능력이 추가된 라파엘 어드밴스드 디펜스 시스템이 개발한 트로피를 메르카바 전차와 나메르 중장갑 병력 수송 장갑차에 장착하기 시작했다. 트로피는 성능을 인정받아 미국 육군 M1A2, 독일 육군 레오파드2, 영국 육군 챌린저 등 다른 나라의 전차에도 탑재되고 있다.

△ 미국 육군 M1A2 전차에 달린 트로피 APS[6)]

|기타 국가|

이스라엘 외에 독일, 미국, 튀르키예, 우리나라 등이 자체적인 APS를 개발했거나 현재 개발 중에 있어 앞으로 더 많은 종류의 APS가 등장할 것으로 예상된다.

# 장갑차

## 전차의 동반자

장갑차는 주로 병력을 수송하는 용도로 쓰인다. 기관총 정도의 무장을 갖추고 병력 수송을 담당하는 것을 병력 수송 장갑차APC, 병력을 수송하면서 20mm 기관포 이상의 강력한 무장을 하고 장갑도 보강된 것을 보병 전투차IFV라고 한다.

2차 세계 대전 때도 병력을 수송하는 장갑차는 있었지만 현대의 병력 수송 장갑차처럼 전후좌우, 그리고 위까지 보호되는 차량은 아니었다. 현대적인 병력 수송 장갑차는 1950년대부터 개발되기 시작했고, 이후로 전차와 함께 작전을 수행하는 보병 전투차가 만들어졌다.

### APC와 IFV의 발전

APC와 IFV도 새로운 기술이 적용되면서 발전하고 있다. 두 차량 모두 처음에는 무한궤도를 단 궤도형 차량이 대부분이었지만 차츰 타이어를 단 차륜형 차량이 등장하기 시작했다. 과거에는 타이어를 단 차량은 무거운 중량을 버틸 수 없었기 때문에 장갑이 상대적으로 가벼운 APC에 도입됐다. 차륜형 APC는 궤도형 APC에 비해 이동 속도가 빠르다. 일반적으로 궤도형 APC는 최고 속도가 시속 60km 정도인데, 차륜형 APC는 시속 90km 이상으로 달릴 수 있다.

냉전 시대에 차륜형 APC를 적극적으로 도입한 곳은 구소련을 포함한 공산권 국가들이었다. 여기에 당시 해외 식민지를 갖고 있던 영국과 프랑스도 차륜형 APC를 많이 도입했다. 냉전이 끝난 후 소규모 분쟁에 신속하게 개입할 목적으로 가벼운 장갑차에 대한 수요가 늘면서 차륜형 APC가 빠르게 늘어났고, 현재까지 이런 경향이 유지되고 있다. 냉전 이후 서방권에 도입된 차륜형 APC는 미국 육군의 스트라이커, 독일의 복서, 우리 육군의 K808과 K806이 대표적이다.

구동계 기술의 발전으로 차륜형 APC는 타이어가 터져도 이동이

△ IFV로 발전할 이스라엘의 에이탄 차륜형 APC[7]

가능하다. 또한 기관포나 미사일을 단 포탑 기술이 발전해 IFV 도입도 확대되는 추세다. 대표적으로 이탈리아 육군의 프레치아와 프랑스의 VBCI가 있다. 오랫동안 중장갑을 두른 궤도형 APC만 운용하던 이스라엘도 2016년 에이탄 차륜형 APC를 도입했으며, 30mm 기관포를 단 무인 포탑을 올린 IFV도 도입할 예정이다.

## APC와 IFV의 또 다른 변화

APC와 IFV에도 전차처럼 APS가 적용되기 시작했다. 이런 변화에 앞장선 나라는 나메르 중장갑 APC와 에이탄 차륜형 IFV에 APS를 장착한 이스라엘이다. 나메르 APC에는 메르카바IV 전차와 동일한 트로피 APS가 달렸고, 에이탄 차륜형 IFV에는 아이언 피스트라는 새로운 APS가 달렸다. 이스라엘의 사례를 본 미국 육군도 M2 브래들리 IFV

△ 장갑차 내부에서 외부를 볼 수 있도록 해주는 이스라엘의 아이언 비전[8)]

와 스트라이커 차륜형 APC에 달 APS를 찾고 있다.

APC와 IFV는 기본적으로 병력 수송에 사용되므로 내부 공간이 전차보다 넉넉하다. 이런 설계를 활용해 무인 시스템을 운반하거나 통제하기 위한 연구가 이어지고 있다.

이스라엘은 장갑차의 좁은 시야를 극복하기 위해 카메라를 이용한 새로운 기술을 도입했다. 이스라엘 방산 업체 엘빗이 개발한 '아이언 비전'이 바로 그것으로, 차량 주변에 카메라가 장착돼 있어 차량 안의 조종수나 지휘관이 헬멧에 달린 고글을 통해 차량 밖을 볼 수 있다. 아이언 비전은 증강 현실 기술을 이용하기 때문에 시야가 좁은 잠망경이나 기관총 등이 장착된 원격 무장대의 카메라로 보는 것보다 넓은 시야를 제공해준다.

# 화포

## 장거리 타격의 핵심

전차가 보병을 직접 지원하는 직사 화력을 위한 것이라면, 화포는 보병을 간접 지원하는 것으로 곡사포나 다연장 로켓이 이에 해당한다. 우크라이나 전쟁만 봐도 전쟁에서 전차와 함께 화포가 얼마나 중요한지 잘 알 수 있다.

화포는 크게 포와 로켓으로 구분된다. 포는 다시 트럭이나 장갑차가 끌고 가야 하는 견인포와 궤도형이나 차륜형 차량에 탑재된 자주포로 구분된다.

### 견인포와 자주포

다양한 자주포로 말미암아 일각에서는 견인포를 낡은 것으로 보기도 한다. 그러나 자주포는 차량과 포가 합쳐져 무게가 상당해서 작전 지형의 환경에 따라 이동에 제약이 있다. 자주포가 산악 지역에서 접근이 어려운 탓에 작전 환경에 따라 견인포는 여전히 유용한 무기로 취급된다.

현재 견인포를 적극적으로 활용하는 곳은 미국 육군이며 155mm 포탄을 쓰는 M777을 사용한다. 해외 원정 작전이 대부분인 미국 육군은 다양한 전장 환경에서 전투를 벌인다. 따라서 C-130 수송기에 탑재할 수 있으면서 CH-47 헬기로 어디든 배치가 가능한 M777 견인포는 중요한 전력이 된다. 중국도 M777과 유사한 AH4라는 155mm 견인포를 개발해 수출하고 있다.

단, 견인포는 이동하는 데 차량이 필요하고 운용에 많은 병력이 요구된다. 무엇보다 배치와 사격 후 이동하는 데 시간이 걸리고, 운용 병력이 외부에 노출돼 있어 대포병 사격으로 피해를 입을 수도 있다.

자주포는 견인포가 가진 이런 단점을 해결할 수 있다. 자주포는 스스로 움직이는 화포를 뜻하며, 탑재 플랫폼에 따라 궤도형 자주포와 차륜형 자주포로 나눠진다. 대부분의 자주포는 궤도형 자주포이나, 최근

△ **헬기 수송이 가능한 경량 155mm 견인포 M777**[9)]

도로 이동 속도가 빠른 차륜형 자주포를 도입하는 나라들이 늘고 있다.

## 궤도형 자주포와 차륜형 자주포

궤도형 자주포에는 우리나라의 K9, 독일의 PzH2000, 미국의 M109 시리즈 등이 있고 많은 나라에서 운용하고 있다. 대부분의 궤도형 자주포는 무한궤도 차체 위에 포를 탑재한 장갑으로 보호되는 포탑이 있어 차량 내부의 병력이 적의 사격으로부터 보호를 받는다.

차륜형 자주포는 말 그대로 차륜형 플랫폼, 즉 트럭에 탑재된 자주포다. 자주포 가운데에는 스웨덴의 아처, 남아프리카공화국의 G6, 슬로바키아의 주자나 등 장갑으로 병력을 보호하는 것도 있다. 그러나 대부분 4륜 또는 6륜 트럭 뒤에 포가 탑재돼 있고, 포와 장약 장전을 위해 병력이 차량 밖에 있어 견인포와 마찬가지로 적 공격에 취약하다.

△ 자동 장전 장치를 갖춘 아처 차륜형 자주포[10]

## 화포 기술의 발달

화포 기술은 사거리를 연장하고 표적을 정밀하게 타격하는 데 목적을 두고 발달해왔다.

화포 기술의 기본은 사거리를 늘리기 위해서 포신을 늘리고 더 강력한 장약을 사용해 포탄을 날려보내는 것이다. 포탄에 로켓 모터를 단 로켓 추진탄RAP이나, 날아가는 포탄 후미에 생기는 난기류를 제거하기 위해 연소 가스를 내뿜는 베이스 블리드BB탄 등은 사거리를 연장하는 역할을 한다.

현재 미국 육군은 M109A7이라는 최신형 자주포를 운용 중인데, 포신을 늘리고 신형 포탄을 사용함으로써 사거리를 70km까지 늘렸고 최종적으로 100km까지 늘리기 위해 연구를 계속하고 있다. 미국이 사거리 연장포ERCA 프로그램을 통해 개발하고 있는 M1299라는 신형 자주포는 포신이 58구경장으로 늘었고, 포탄도 XM113이라는 신형 RAP탄이 개발됐다. 미국 육군의 자주포 사거리 연장의 최종 결과물은 미국 방산 업체 레이시온이 개발하고 있는 XM1155 사거리 연장 포탄ERAP이 될 것으로 보인다. XM1155는 포탑 앞쪽에서 공기를 흡입하고 연료와 함께 연소시켜 초음속을 내는 램제트로 100km까지 날아가는 것을 목표로 한다.

## 우리나라의 포탄 개발 현황

우리나라 업체도 램제트 방식의 포탄을 개발하고 있다. 동시에 포탄에 날개를 단 방식의 사거리 연장탄도 개발하고 있다.

활공탄이라 불리는 새로운 포탄은 포신에서 발사된 후 일정 고도에 도달하면 포탄 안에서 날개가 펴지면서 목표 지점으로 날아간다. 다만 일반 포탄처럼 회전에 의한 안정화가 되지 않아 목표 지점에 떨어지기 위해 유도 장치가 필요하다. 활공탄의 유도 장치에는 GPS 같은 첨단 장치가 사용된다. 이런 장치는 활공탄을 목표 지점에 정확하게 떨어지게 한다. 일반적인 포탄은 포탄의 정밀도를 나타내는 원형공산 오차CEP가 커지지만, 유도 장치를 사용하면 사거리가 늘어나도 CEP가 거의 일정하게 유지된다.

국산 활공탄은 아직 개발 중에 있지만, 유도 장치를 사용하는 유도 포탄은 오래전부터 존재했고 우크라이나 전쟁에서도 사용되고 있다. 서방권에서는 미국의 M982 엑스칼리버와 프랑스의 카타나, 동구권에서는 러시아의 크라스노폴이 잘 알려져 있다. 유도 포탄은 가격이 매우 비싸기 때문에 많이 사용하기 어렵다. 저렴한 대안으로 포탄 앞에 장착하는 신관에 유도 기능을 넣은 유도 신관이 개발됐다. 미국의

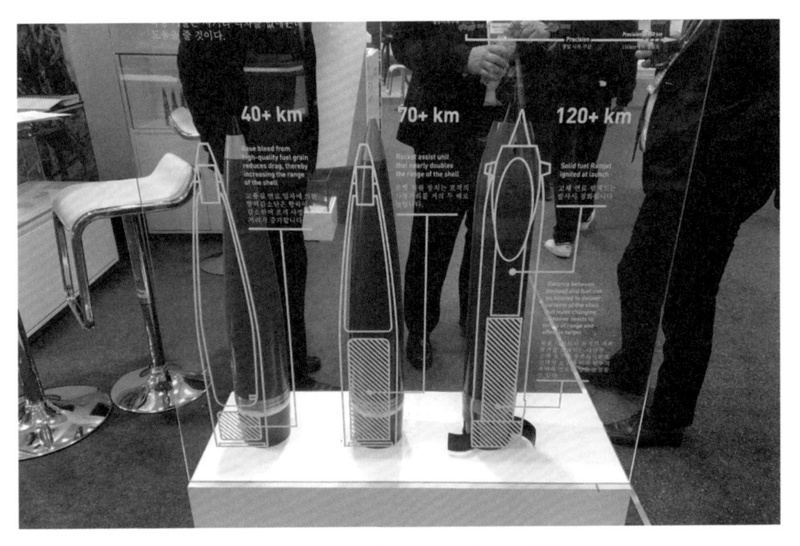


△ 우리나라 기업이 개발 중인 장사정 포탄[11]

M1156 정밀 유도 키트 PGK가 대표적이다.

## 그 밖의 화포

화포의 또 다른 중요한 종류로 우크라이나 전쟁에서 활약한 미국의 M142 고기동 로켓 시스템HIMARS 같은 다연장 로켓MLR이 있다. 여기서 '다연장'은 여러 개의 로켓 발사 튜브를 모아놓은 것을 의미한다.

원래 MLR은 구소련과 러시아가 즐겨 사용하던 무기 체계였지만 이후 서방권에도 도입되면서 널리 퍼지게 됐다. 구소련과 러시아의 대표적인 MLR로는 122mm 구경의 BM-21 그라드, 220mm 구경의 BM-27 우라강, 300mm 구경의 BM-30 스메르치가 있다. 구소련과 러시아의 영향을 받은 중국과 북한도 다양한 MLR을 개발했다.

서방권에서는 M142 HIMARS와 궤도형 차량을 사용하는 M270

△ M142 HIMARS에서 시험 발사되는 PrSM 장거리 미사일[12)]

다연장 로켓 시스템MLRS이 대표적이다. M270과 M142는 무유도 로켓과 함께 정밀 타격을 위해 GPS로 유도되는 M30/M31 GMLRS 로켓탄을 발사할 수 있다.

로켓 외에 M140 육군 전술 미사일 시스템ATACMS이라는 탄도 미사일도 운용할 수 있다. 미국은 ATACMS를 대체할 정밀 타격 미사일PrSM을 개발하고 있는데, 바다에서 이동 중인 함선도 공격할 수 있도록 발전시킬 예정이다. 우리나라도 M142 HIMARS와 유사한 천무 다연장 로켓을 개발해 수출까지 하고 있다.

# 보병용 장비

## 전투를 치르는 기본

지상 작전에 있어 전차, 화포, 장갑차 등도 중요하지만 제일 중요한 것은 사람, 즉 병력이다. 장비를 운용하는 데도, 마지막으로 목표를 점령하는 데도 모두 병력이 필요하다. 따라서 전투 병력인 보병을 위한 장비 또한 첨단화되고 있다.

보병을 위한 군 장비는 군복, 군화, 방탄 헬멧, 군용 배낭, 방탄복, 소총 등 수없이 많지만, 최근 들어 강조되는 것은 전투를 효율적으로 할 수 있는 총기 부착물, 병사용 통신 장비 등이다. 이런 장비들은 필요할 때 개별적으로 도입할 수도 있으나, 미래 병사 시스템 같은 종합적인 발전 계획에 따라 체계적으로 도입해야 할 필요가 있다.

### 미래 병사 시스템

미래 병사 시스템은 네트워크 중심전NCW 환경에서 탐지 및 정밀 타격이 가능하도록 소대나 분대급 전투원들에게 첨단 기술이 적용된 개인 화기, 피복, 각종 장비를 적용시키는 것을 의미한다.

대표적인 미래 병사 시스템으로는 미국 육군의 1990년대 중반에 시작해 2007년에 중단된 랜드 워리어와 2008년부터 2016년까지 진행된 넷 워리어, 프랑스의 펠린, 독일의 IDZ, 영국의 FIST, 러시아의 라트니크, 우리 육군의 워리어 플랫폼 등이 있다.

나라마다 미래 병사 시스템을 통해 도입하는 장비들은 다양하다. 그중에서도 최근 미국 육군이 도입한 병사용 증강 현실 시스템과 신형 소총은 주목할 만하다.

### |병사용 증강 현실 시스템|

마이크로소프트사의 증강 현실 장비인 홀로렌즈의 군용 버전인 통합 시각 증강 시스템IVAS을 말한다.

컴퓨터를 이용해 모니터처럼 제한된 화면에 구현하는 가상 현실과 달리 증강 현실은 인간이 눈으로 보는 공간에 실제로 존재하지 않는 게 덧입혀지는 것이다. 유명 모바일 게임 '포켓몬 고'는 증강 현실을 활용한 대표적인 예다.

주로 게임, 훈련, 교육에 사용되던 증강 현실이 IVAS에서는 현장의 병사들이 착용하고 훈련을 하거나 실제 작전에서 사용할 수 있도록 만들어졌다. 병사들은 각종 카메라 같은 센서, 통신 장비, 내비게이션 장비가 장착된 IVAS로 3D 작전 지도를 보거나 별도의 단말기를 사용하지 않고 상급 부대에서 보내온 전장 정보를 확인할 수 있다.

IVAS가 대량 보급되면 삼성전자의 스마트폰을 채택한 미국 육군 넷 워리어 시스템의 병사용 단말기를 대체할 것으로 예상된다. 다만

△ 야시 장비가 통합된 증강 현실 장비 IVAS[13)]

IVAS에 필요한 전용 헬멧, 배터리 팩, 컴퓨터, 통신 장비의 중량이 병사에게 줄 부담을 줄이고, 필요할 때 배터리를 공급하고, 외부 서버와 연결하기 위한 네트워크를 유지하는 등 해결해야 할 문제가 많다.

## | 소총 |

보병의 대표적 무기인 소총에도 변화의 바람이 불고 있다. 현재 우리나라를 포함한 서방권 국가들은 베트남전 이후 미국이 도입한 5.56mm 탄을 사용하는 소총을 사용하고 있고, 러시아를 포함한 동구권 국가들은 5.45mm 탄을, 중국은 독자 규격인 5.8mm 탄을 사용하고 있다.

미국 육군은 2010년대 초반 신형 소총과 경기관총 도입을 준비하다 실패한 후, 2018년 10월 차세대 분대 화기NGSW라는 이름으로 새로운 6.8mm 탄을 사용하는 소총과 분대용 경기관총 사업을 시작했다. NGSW-R로 불리던 소총에는 XM7, NGSW-AR로 불리던 분대용 경기관총에는 XM250이라는 제식 부호가 붙여졌다. 두 총기 모두 컴퓨터화된 XM157 사격 제어 광학 장치가 장착된다.

6.8mm 탄은 상업용 총기 시장에 이미 있던 것인데, 미국 육군의 요구 조건에 따라 새로운 6.8mm 탄이 개발됐다. 신형 6.8mm 탄은

△ 6.8mm 탄을 사용하는 미국 육군의 차세대 경기관총 XM250[14)]

기존 기관총에 쓰이던 7.62mm 탄보다 구경은 작되 위력은 강한 덕분에 5.56mm 탄보다 먼 거리에서 적의 방탄복을 뚫을 수 있다.

미국 육군의 모든 소총과 경기관총이 XM7과 XM250으로 대체되는 것은 아니다. XM7 소총 약 10만7,000정, XM250 경기관총 약 1만3,000정 도입이 예정돼 있고, 이는 미국 육군 전체 병력의 10% 정도에게 지급되는 것이다. 미국 해병대와 특수전 부대 또한 도입을 검토하고 있어 그 양은 더 늘어날 가능성이 있지만 한동안 서방권 소총탄 규격은 5.56mm로 유지될 것이다.

현대전은 공중 우세를 누가 잡느냐에 따라 전쟁의 승패가 갈린다. 단, 제공권 장악을 위해서는 지상의 대공 방어망 제압이 우선돼야 한다. 우크라이나 전쟁에서도 러시아가 우크라이나의 대공 방어 시스템을 제압하지 못했기 때문에 비교 우위에 있는 항공력을 제대로 동원하지 못했다.★

# 2장

# 항공 및 우주 무기

# 전투기

## 하늘을 장악해야 전쟁에서 이긴다

가장 대표적인 항공 및 우주 무기는 전투기다. 일부 국가를 제외하고 현재 운용 중인 전투기 대부분은 4세대, 4.5세대, 5세대다.

### 1세대 전투기

2차 세계 대전 말에 등장했거나 직후에 만들어진 것으로 제트 엔진이 장착돼 있었다. 제트 엔진이 달린 1세대 전투기는 이전의 프로펠러가 달린 전투기보다 속도는 빨랐지만 무장이나 운용 면에서는 큰 변화가 없었다.

### 2세대 전투기

1950년대 중반부터 1960년대 초반에 등장한 초음속 전투기를 말한다. 2세대 전투기부터 적외선 유도 단거리 공대공 미사일을 탑재하고, 목표와 거리 측정을 위한 레이더를 장착했다.

### 3세대 전투기

1960년대 초부터 1970년대 초에 등장한 초음속 다목적 전투기를 말한다. 3세대 전투기는 장거리 탐지 레이더를 장착하고, 먼 거리에 있는 적의 전투기를 상대하기 위해 레이더 유도 장거리 공대공 미사일을 탑재했다.

### 4세대 전투기

1970년대 초반부터 1990년대 사이에 등장한 것으로, 공중에서 레이더로 지상을 탐지할 수 있고 지상 공격도 가능하다. 4세대 전투기에는 미국의 F-15, F-16, F/A-18, 러시아의 MiG-29, Su-27, 프랑스의 미라지-2000 등이 있다. 1990년대 중반부터 센서 융합 능력을 갖춘 4.5세대 전투기가 등장했는데, 프랑스의 라팔과 영국, 독일, 이탈리아, 스페인 합작인 유로파이터 타이푼 등이 여기에 속한다.

### 5세대 전투기

2000년대부터 도입되기 시작한 것으로, 레이더에 잘 잡히지 않는 스텔스 기능을 특징으로 한다. 스텔스를 위해 기체의 내부와 외부에 레이더 반사를 줄이기 위한 설계를 도입하는데, 대표적인 설계 특성으로 폭탄과 미사일을 탑재하는 내부 무장창이 있다. 그 밖에 기체 표면에 바르는 페인트도 특정 파장의 레이더 전파를 흡수하는 역할을 한다. 5세대 전투기에는 미국의 F-22, F-35, 러시아의 T-50 파크파PAK-FA, 중국의 J-20이 있다.

5세대 전투기의 등장으로 4세대나 4.5세대 전투기의 효용성이 떨어진 것은 아니다. 2030년대에도 여러 나라에서 4.5세대와 5세대 전투기를 함께 운용하는 하이-로우 믹스High-Low Mix 운용이 이뤄질 것이다.

2030년대 중반까지 4세대와 4.5세대 전투기를 5세대 전투기와 함께 운용하기 위해 다양한 개량이 시도되고 있다. 대표적으로 서방 세계에서 가장 많이 팔린 전투기이자 우리 공군을 포함해 세계 여러 나라에서 운용하는 미국 록히드 마틴의 F-16 전투기를 첨단 능동 전자주사AESA 레이더와 첨단 화력 통제 컴퓨터 등을 교체한 F-16V로 개

△ 미국을 포함한 다수의 서방권 국가에서 운용하는 5세대 전투기 F-35[15]

량하는 국가가 늘고 있다.

그 밖에 미국의 보잉은 F-15 전투기를 꾸준히 개량해 AESA 레이더를 장착한 F-15EX를 내놓았다. 프랑스는 닷소 에비에이션이 개발한 라팔 전투기를 여러 차례 개량해 2070년대까지 운용하는 것을 목표로 하고 있다.

## 6세대 전투기

개량된 4세대와 4.5세대는 2030년대 중반 이후 6세대 전투기로 대체될 예정이다. 6세대 전투기의 주요 특징은, 5세대보다 뛰어난 스텔스 성능, 탁월한 무장 운용 능력, 조종사의 판단을 돕는 인공 지능AI, 유인 전투기에 앞서 배치되고 공대공 임무도 가능한 무인 전투기와의 협업 등이 될 것으로 보인다.

△ 무인 전투기와 네트워크로 연결될 6세대 전투기 FCAS[16]

2023년 3월 기준으로 공식 발표된 6세대 전투기는, 미국 공군과 해군의 차세대 제공 전투기NGAD, 영국, 이탈리아, 일본 합작인 글로벌 전투 항공 프로그램GCAP, 프랑스, 독일, 스페인 합작인 미래 전투 항공 시스템FCAS(프랑스에서는 SCAF)이다. 공식적인 프로그램은 알려지지 않았으나 중국과 러시아 역시 6세대 전투기 개발 대열에서 빠지지 않을 것이다.

## 장거리 미사일 경쟁

전투기에 운용하는 무장도 발전하고 있다. 특히 장거리 공대공 미사일 경쟁이 치열하다. 아직 배치 시기는 알려지지 않았지만 미국 공군과 해군은 합동 고등 전술 미사일JATM 프로그램을 통해 현재 운용하는 AIM-120D 암람AMRAAM보다 사거리가 훨씬 긴 AIM-260을 개발하고 있다.

미국의 AIM-260 개발 목적은 사거리 200km로 추정되는 중국의 PL-15 장거리 공대공 미사일에 대응하기 위해서다. PL-15 미사일은 이중 펄스 로켓 모터와 발사 후 목표 재설정이 가능한 양방향 데이터 링크를 갖춘 것으로 알려졌다.

## 무인 전투기

앞으로 등장할 미래형 전투기는 동료 유인 전투기는 물론 '충성스러운 윙맨'이라 불리는 무인 전투기와도 팀을 이루게 될 것이다. 이 무인 전투기는 유인 전투기에 탑승한 조종사의 통제를 받지만, AI를 탑재해 위협을 탐지하고 회피하면서 비행하고 공대공과 공대지 전투를 수행한다.

현재 여러 국가에서 무인 전투기가 개발되고 있다. 미국 공군은 협업 전투 항공기CCA, 독일의 에어버스는 리모트 캐리어라는 무인 전투기 개발을 추진 중이다. 이외에 호주는 보잉 호주 지사와 MQ-28 고스트 배트, 중국의 항공 우주 공사는 FH-97A를 개발하고 있다.

미국 공군은 6세대 전투기와 개량된 F-22, F-35 전투기가 1~5대의 무인 전투기를 지휘할 수 있다고 밝혔고, 다른 국가들의 운영 형태도 이와 크게 다르지 않을 것으로 보인다. 나아가 미국 공군은 전투기 외에 인근의 공중 급유기나 조기 경보 통제기 등에서도 원격으로 무인 전투기를 통제하는 사안을 검토 중에 있어 더욱 다양한 운용 형태를 볼 수 있을 전망이다.

# 폭격기

## 강대국 항공 전력의 상징

전투기와 함께 무기를 탑재한 항공기로 폭격기가 있다. 세계 여러 나라에서 개발 및 운용 중인 전투기와 달리, 폭격기는 미국, 중국, 러시아만 개발 및 운용 중이다. 미국에는 B-52H, B-1B, B-2A 폭격기, 중국에는 H-6 계열, 러시아에는 Tu-22M 계열, Tu-95 계열, Tu-160 계열이 있다.

### 미국

미국은 현재 운용하는 B-52H 폭격기 76대를 엔진 교체 및 항전 장비 개량 등을 거쳐서 B-52J로 발전시켜 2050년까지 운용할 예정이다. 현재 장착된 JT3D 엔진은 롤스로이스 F130 엔진으로 교체된다. 또한 B-1B와 B-2A는 2022년 12월 처음 공개된 B-21 레이더로 대체된다.

△ 미국 공군의 차세대 폭격기 B-21 레이더[17]

B-21은 음속보다 느린 아음속으로 비행하되, B-2A처럼 날개와 몸체가 하나로 돼 있는 전익기 설계로 높은 스텔스 성능을 자랑한다. 미국 공군은 B-2A와 F-35 전투기 개발 사업에서 잦은 개발 지연과 비용 폭등을 경험했다. 이에 B-21 개발에서는 검증된 기술을 통해 개발 시간과 비용을 단축하는 데 집중했다.

## 러시아

러시아는 Tu-95 계열과 Tu-160 계열을 대체해 2030년대부터 운용할 파크다PAK-DA라는 아음속 스텔스 폭격기를 개발하고 있다. 그러나 개발 관련 소식이 드물게 전해지고 있어 예정대로 배치가 어려울 것이라는 관측이 지배적이다.

## 중국

오랫동안 러시아제 전투기와 수송기 등에 의존해오던 중국은 J-20 스텔스 전투기, Y-20 전략 수송기 등을 자체 개발하면서 개발 능력을 끌어올리고 있다. 중국 공군이 운용하고 있는 H-6 계열 폭격기는 1950년대에 개발된 구소련제 Tu-16을 기반으로 한 것으로서 많은 성능 개량을 거쳤다. 하지만 현대적인 폭격기와 비교해 탑재 능력이나 항속 거리 등에서 성능이 떨어진다.

또한 중국은 H-20이라는 신형 스텔스 폭격기를 비밀리에 개발 중이다. H-20은 미국의 B-2A나 B-21과 비슷한 전익기 형태라는 것 외에 정확한 내용이 알려지지 않고 있다.

# 지원기 수송에서 폭격 및 무인기 지원까지

군대에서 사용하는 항공기는 전투기와 폭격기만이 아니다. 물자와 병력을 수송하는 수송기, 공중에서 다른 항공기에 연료를 공급하는 공중 급유기, 멀리서 적을 탐지하는 공중 조기 경보기 등 다양한 지원 항공기도 필요하다.

이 가운데 수송기는 가장 많은 임무를 담당하고 있고 앞으로 더 많은 역할을 할 것으로 보인다. 수송기는 일반적으로 전술 수송기와 전략 수송기로 구분된다. 전술 수송기는 우리 공군도 운용하는 C-130 계열과 브라질이 개발한 C390이 대표적이고, 전략 수송기는 미국 공군이 운용하는 C-17이 대표적이다. 전술과 전략 임무 모두 수행할 수 있다고 알려진 유럽 에어버스의 A400M도 있으나, 항속 거리와 탑재 중량을 기준으로 크게 두 가지로 구분하는 것이다.

수송기는 말 그대로 물자와 병력을 수송하는 항공기이지만 머지않아 미국과 유럽에서는 새로운 임무를 담당하게 될 전망이다. 특히 미국은 궁극적으로 수송기를 폭격기와 무인 항공기 모함으로 만들 계획이다.

## 미국의 다양해지는 수송기 운영 방법

미국 공군의 래피드 드래곤 프로그램은 C-130과 C-17 수송기에 장거리 순항 미사일 AGM-158B JASSM-ER 여러 발을 탑재한 팔레트를 실어 투하하기 위한 것이다. 즉, 이들 수송기를 장거리 공격 무기를 운용하는 폭격기로 만드는 것이다.

수송기에서 투하된 팔레트에서 순항 미사일이 분리되면 각자 할당된 목표 지점이나 목표로 향한다. JASSM-ER의 대함 미사일 버전인 LRASM도 운용이 가능한데, 이 경우 인도-태평양 지역에서 중국 해군에게 큰 위협이 될 수 있다.

△ 래피드 드래곤 투하 시스템에서 분리된 JASSM 미사일[18)]

래피드 드래곤 프로그램에 의하면, C-130 수송기는 미사일 6발이 탑재된 팔레트 2개를 실어 총 12발의 미사일이 탑재되고 C-17 수송기는 미사일 9발이 탑재된 팔레트 5개를 실어 총 45발의 미사일이 탑재된다. 이는 24발의 JASSM-ER을 탑재할 수 있는 B-1B 폭격기보다 더 많은 미사일을 싣는 것이다.

수송기의 무인 항공기 모함화는 미국 국방부의 연구 개발 조직인 고등 방위 연구 계획국DARPA이 2017년부터 주도하고 있다. DARPA는 직접 연구를 진행하고 제품을 개발하기보다 자신들이 요구하는 능력을 개발할 수 있는 업체를 선정하는 방식으로 작업한다.

DARPA는 다이네틱스사와 수송기에서 무인 항공기 군집을 발진시키고 회수하는 그렘린Gremlin 프로그램을 진행하고 있다. 그렘린 프로그램에서 운용하는 무인 항공기는 전자 광학 센서, 적외선 장비, 전자전 장비, 그리고 무장을 골라 탑재할 수 있도록 설계된 군집용 무인 항공기다.

공통 설계를 가진 무인 항공기이지만 다른 센서와 무장을 다는 이유는, 현재 운용하는 MQ-9 리퍼 같은 무인 항공기가 중국과 러시아의 현대적인 대공 방어망으로 인해 생존성이 떨어질 것으로 보기 때문이다. 실제로 이라크와 예멘 등에서 MQ-9 여러 대가 대공 방어 무기에 의해 격추되기도 했다.

생존성을 높이기 위해 기능을 분산하고 군집화하는 방향으로 나가면서 무인 항공기 군집을 최대한 재활용할 수 있는 방법으로 그렘린 프로그램이 고안됐다. 그렘린 프로그램은 C-130 수송기에서 기체의 센서나 무장이 각기 다른 4대의 X-61A 그렘린 무인 항공기를 운용하는 것을 목표로 한다. 공중에서 회수된 X-61A 그렘린은 다른 센서나

△ 수송기에서 발진 및 회수되는 무인 항공기를 만드는 그렘린 프로그램[19]

무장으로 교체하고 연료를 채워 다시 비행할 수 있다.

2019년 11월 C-130 수송기에 매달린 X-61A 무인 항공기의 비행이 시작됐고, 2020년 1월에는 수송기에서 분리된 상태로 첫 비행을 했다. 이후 여러 번의 비행 시험에서 회수에 실패하다가 2021년 10월 처음으로 공중 회수에 성공했다.

독일의 에어버스도 프랑스, 스페인과 함께하는 6세대 전투기 개발 사업인 FCAS에 사용할 리모트 캐리어라는 무인 전투기 개발 사업의 일환으로 수송기에서 무인 항공기를 발진시키는 연구를 진행하고 있다.

이렇게 수송기의 활용 폭을 넓히는 연구가 진행되는 한편, 새로운 수송기를 개발하려는 노력도 시작되고 있다. 2023년 초반부터 EU 산하 유럽 방위청EDA은 미래 EU 회원국의 전술 및 전략 수송 능력을 위한 새로운 수송기 개발 사업을 지원하고 있다. EDA가 지원하는 사업은 미래 중형 전술 화물FMTC과 전략 항공 운송SATOC이다. 이들은 모두 2035년 이후를 위한 사업으로, 어떤 형태의 기체가 개발될지는 몇 년 뒤 공식적으로 개발 사업이 시작돼야 알 수 있을 것이다.

활용 폭이 넓어지는 수송기와 반대로 생존성의 문제로 기능이 분산돼 기종 자체가 사라지는 경우도 있다. 미국 공군이 걸프전에서 처음 운영한 E-8 합동 감시 표적 공격 레이더 시스템JSTARS은 2022년 2월 첫 기체 퇴역을 시작으로 후계기 없이 점진적으로 전부 퇴역시킬 예정이다.

미국 공군은 하늘의 F-35와 지상의 이동 물체를 감지할 수 있는 우주에 배치된 위성 등에서 수집한 정보를 연결하는 첨단 전투 관리 시스템ABMS을 추진하고 있다. ABMS의 개발이 완료되기 전까지는 임시 조치로 RQ-4 글로벌 호크 블록40 무인 정찰기를 사용한다.

# 회전익기

## 지상군을 지원하는 핵심 수단

군에서 사용하는 항공기에는 회전익 항공기라 불리는 헬리콥터도 있다. 헬리콥터는 수직 이착륙VTOL 항공기로도 불리며 공격, 수송, 해상 작전 등 다양한 용도로 쓰이고 있다.

서방권의 대표적 헬리콥터인 UH-60, CH-47, AH-64나, 동구권의 Mi-8, Mi-24처럼 현재 사용되는 헬리콥터는 대부분 1~2개의 메인 로터로 움직인다. 이외에 미국의 공군, 해군, 해병대가 운용하는 V-22 오스프리같이, 메인 로터의 회전으로 이착륙 시에는 양력을 얻고 비행 시에는 추진력을 얻는 틸트 로터 항공기도 기존 헬리콥터 대비 빠른 속도와 긴 항속 거리를 무기로 하고 있다.

### 미국이 주도하는 신형 기체 도입

현재 운용 중인 헬리콥터를 대체할 신형 기체 도입 사업은 미국 육군이 주도하고 있다. 미국 육군은 현대화 우선순위에 포함된 미래 수직 이착륙FVL 사업을 위해, UH-60 수송 헬기를 대체하는 미래 장거리 강습기FLRAA와 OH-58 정찰 헬기를 대체하는 미래 공격 정찰기FARA 사업을 진행하고 있다.

2022년 12월 FLRAA 사업에서 동축 반전 복합 헬기인 시코르스키-보잉의 디파이언트-X를 제치고 틸트 로터기인 벨 텍스트론의 V-280 벨러가 선정됐다. V-280 벨러는 UH-60보다 더 빨리 더 멀리 날아가면서도 연료 효율은 높인 기체로, 2030년대 이후 미국 육군과 해병대에서 운용을 시작할 예정이다.

V-280이 도입될 예정이라 하더라도 UH-60이 당장 퇴역하는 건 아니다. 미국 육군은 기존 항공기에 달려 있는 2,000마력 출력의 T700 엔진을 3,000마력 출력의 T901 엔진으로 교체해 성능을 높일 계획이다. 2019년 미국 육군의 성능 향상 터빈 엔진 프로그램ITEP 계

△ 2030년대 중반부터 미국 육군에 배치될 V-280 벨러[20]

획에 의해 최종 선정된 T901 엔진은 UH-60 외에도 AH-64 공격 헬기와 2024년 시제품의 첫 비행이 예정된 FARA 항공기에도 장착될 예정이다.

## 미국에 뒤지지 않기 위한 유럽의 노력

미국이 FLV 사업을 진행하는 동안 유럽에서도 새로운 사업이 진행되고 있다. 2020년 11월 NATO 회원국인 프랑스, 독일, 그리스, 이탈리아, 영국은 차세대 회전익 능력NGRC 프로그램에 참여한다는 의향서에 서명했다. NGRC는 2035~2040년 사이에 도입될 중형 다목적 헬기 개발을 위한 프로그램이다.

NGRC의 요구 조건은 아직 확정된 것은 아니지만 순항 속도 최소 180kt(290km/h), 최적 220kt(408km/h)이라고 알려졌다. 단, 220kt을 충족하기 위해서는 기존의 메인 로터-테일 로터 방식이 아닌 틸트 로터 같은 새로운 설계가 필요하다는 의견이다.

군사 동맹인 NATO의 NGRC와 별개로 EU도 2020년 12월 유럽 차세대 회전익 기술ENGRT이라는 미래 군용 헬기 개발 프로그램을 시작했다. ENGRT는 독일의 에어버스 헬리콥터와 이탈리아의 레오나르도 헬리콥터가 주도하고 있다.

## 중국과 러시아도 헬기 개발?

UH-60을 닮은 Z-10 헬기 등 항공기 자체 개발 능력을 확대하고 있는 중국도 차세대 헬기 개발에 나서고 있지만 어떤 기체를 개발할지에 대해서는 잘 알려져 있지 않다.

밀, 카모프 같은 유명한 설계국을 보유한 러시아도 새로운 헬기 개발을 준비하고 있지만 경제 제재로 인해 어려움을 겪을 것으로 보인다.

## 헬리콥터의 미래

헬리콥터가 앞으로 다루게 될 미래 기술로 다른 무인 항공기와 팀을 이루는 유무인 협력MUM-T이 있다. MUM-T는 유인 및 무인 플랫폼의 고유한 장점을 결합해 상대보다 우월한 성과를 내는 것을 목표로 한다. 새로운 회전익기가 개발되고 있더라도 현재 운용하는 기체들이 바로 퇴역하지는 않는다. 미국 육군의 주력 헬리콥터인 UH-60은 무인 헬리콥터로 개량되고 있다. 또 DARPA는 UH-60 제작사인 시코르스키

△ 2022년 2월 첫 비행에 성공한 무인화된 UH-60 헬리콥터[21)]

와 조종석 승무원 업무 자동화 시스템ALIAS이라는 무인화 프로그램을 진행하고 있다.

ALIAS 프로그램은 기존 헬기를 크게 개조하지 않고 무인 헬기로 만드는 기술로서, 2022년 2월 UH-60A 헬리콥터로 첫 완전 무인 비행에 성공했다. ALIAS 프로그램이 적용된 헬기는 조종사 없이 이착륙과 비행이 가능하며, 객실에 탄 병력이 태블릿으로 지정한 목표 지점을 향해 비행도 할 수 있다.

UH-60은 미국 육군이 2028 회계 연도 이후 구입을 중단할 계획이나, 엔진 교체 등 성능 개량과 무인화 프로그램을 통해 2035년 이후에도 비행은 계속할 것이다.

# 우주와 성층권 시스템

## 새로운 전장을 열다

현대전의 승리는 우주를 어떻게 활용하는가에 달려 있다. 즉, 지구 주변 궤도에 올려놓은 인공위성을 어떻게 사용하는가에 따라 현대전의 승리 여부가 결정된다. 지구 궤도는 고도 250~2,000km 사이의 저궤도, 2,000~36,000km 사이의 중궤도, 36,000km 이상의 정지궤도로 나뉜다.

인류가 우주를 이용하기 시작한 이후 인공위성은 대부분 중궤도와 정지궤도를 사용했다. 일부 정찰 위성이 저궤도로 내려오기도 했지만, 인공위성의 절대다수를 차지하는 통신 위성이나 지구 관측 위성 등은 중궤도나 정지궤도를 사용했다.

### 우주 자산 방어 노력

인공위성을 방해하거나 파괴할 수 있는 능력을 갖추는 국가들이 생겨

△ 2019년 3월 인도가 시험 발사한
위성 파괴용 미사일[22)]

나면서 우주 자산의 생존성에 대한 우려도 커지기 시작했다. 러시아가 미사일로 자국의 인공위성을 파괴하는 실험을 한 후 발생한 파편들이 주인공이 탑승한 우주선과 충돌하면서 생긴 일을 그린 샌드라 불럭 주연의 영화 '그래비티'는 실화가 될 수도 있다.

현재까지 우주의 위성을 파괴할 수 있는 대위성 무기 능력을 보유한 국가는 미국, 러시아, 중국, 인도가 있고, 이외에 여러 나라가 인공위성의 탐지 센서를 방해할 수 있는 레이저 무기를 개발하고 있다.

무인 항공기에서 언급했던 생존성 문제와 함께 인공위성이 파괴됐을 경우 이를 대체할 수 있는 능력이 중요해지기 시작했다. 기존의 중궤도나 정지궤도 위성은 여러 기능을 모아놓은 탓에 크기가 커서 위성 발사에 대형 로켓이 필요하다. 대형 로켓에는 여러 개의 위성을 싣고 발사할 수 있다는 장점이 있다. 그러나 대형 로켓은 비용이 많이 들고 발사 횟수도 늘릴 수 없다.

이런 문제를 해결하기 위한 방편으로 기능을 분산시킨 저궤도 위성이 부상하고 있다. 저궤도 위성은 대부분 소형이므로 탑재량이 적은 소형 로켓만으로 충분히 발사가 가능한 한편, 위성당 비용이 저렴해지므로 고장 난 위성을 빠르게 다른 위성으로 대체하는 것도 가능하다.

미국 국방부는 앞으로 지구 저궤도에 위성 항법 시스템GPS이나 통신 중계 등 다양한 기능을 갖춘 위성을 올려놓을 예정이다. 특히 러시아와 중국의 극초음속 무기를 탐지 및 추적할 수 있는 감시 위성을 여러 개 발사해 거대한 네트워크를 만들 예정이다.

## 위성의 군사적 이용

우주 분야에서 또 다른 경향은 상업용 위성의 군사적 이용이 증가하고 있다는 점이다. 대표적인 사례로, 전기 차 기업 테슬라를 설립한 일론 머스크의 위성 인터넷 서비스인 스타링크가 있다. 스타링크는 지구 저궤도에 수천 개의 인공위성을 배치해 끊김 없고 빠른 인터넷을 제공하는 것을 목표로 한다.

우크라이나 전쟁에서 우크라이나는 스타링크를 이용해 러시아의 방해를 받지 않고 전선과 연결하고 있다. 뿐만 아니라 러시아군의 선박이나 항구를 공격하는 데 사용된 무인 자폭 선박 조종에도 스타링크를 사용했다. 러시아는 전쟁 기간 동안 여러 차례 스타링크 위성망에 대한 해킹을 시도했지만 일부 통신을 방해하는 데 성공했을 뿐 우크라이나군의 사용을 막는 데는 실패했다.

△ 스타링크용 안테나를 설치하는 우크라이나군[23)]

민간 우주 서비스를 군사적 목적으로 사용한 다른 사례로 막사 테크놀로지스Maxar Technologies나 플래닛Planet 같은 민간 위성 사진 업체가 있다. 미국 업체인 막사 테크놀로지스는 우크라이나 지역에 대한 정밀 사진을 꾸준하게 제공함으로써, 러시아군이 무차별적인 살인을 저지르고 암매장한 사망자들의 위치를 찾아내는 등 러시아의 전쟁 범죄를 밝혀내는 데 크게 기여했다.

## 성층권을 주목하라

우주 궤도와 더불어 최근 주목받는 공간으로 대기권에 속한 성층권이 있다. 2023년 1월 말 미국 영공을 침범한 중국의 성층권 기구로 인해 성층권에 대한 대중의 관심이 크게 높아졌다. 그러나 이 사건이 있기 전부터 미국, 프랑스 등 일부 국가에서 비행기가 활동하는 대류권과 인공위성이 활동하는 외기권 사이의 공간을 이용하려는 시도가 있었다.

대기권은 고도에 따라, 지상에서 고도 12km 정도까지로 여러 가지 기상 현상이 일어나는 대류권, 대류권 위에서 고도 50km까지의 성층권, 성층권 위에서 고도 80km까지의 중간권, 중간권 위의 열권으로 나눠진다. 성층권이 시작되는 고도는 위도에 따라 차이가 있는데, 극 지역에서는 7km 정도로 낮고 적도 지역에서는 20km 정도로 높다. 성층권은 태양으로부터 오는 자외선을 흡수해 가열되므로 고도가 높아질수록 기온이 상승한다.

성층권은 온도 분포가 열적으로 안정돼 있어 대류권에서 발생하는 대류가 거의 일어나지 않는다. 대류권과 맞닿은 성층권 계면에서 강한 바람이 불긴 하지만 위로 갈수록 바람은 약해진다. 이렇게 성층권 계면에서 강하게 불면서 항공 운항에 영향을 주는 바람을 제트 기류라고 한다.

성층권은 일반적으로 항공기가 비행하기에는 높고 인공위성이 머물기에는 낮다. 유인 항공기 가운데 성층권을 비행할 수 있는 것은 최고 비행 고도가 24km인 미국의 고고도 정찰기 U-2뿐이다. 퇴역한 유인 초음속 정찰기인 미국의 SR-71도 최고 비행 고도가 26km 정도였다. 고고도 장기 체공HALE 무인기인 RQ-4 글로벌 호크는 최고 비행 고도가 18km 정도로 U-2보다 낮다.

항공기를 요격하는 대공 미사일은 대부분 고도 20~30km의 성층권 하층에만 도달할 수 있어 그보다 높은 고도에서 날아오는 표적은 요격이 어렵다. 이런 틈새를 노리고 성층권에서 비행하며 통신 중계, 환경 감시, 해양 감시, 미사일 방어망용 감시 등 다양한 임무를 장시간 수행하기 위한 연구가 진행되고 있다.

## 성층권을 향한 각국의 관심

성층권을 가장 적극적으로 활용하는 나라는 중국이다. 중국은 2016년 성층권에서 열권에 이르는 영역을 '신속한 장거리 공격을 위한 중요한 침투 경로'로 규정했고, 2018년에는 이 영역을 '현대전의 새로운 전장'이라고 불렀다.

중국 외에 미국, 영국, 프랑스도 성층권에 관심을 보이고 있다. 2022년 7월 미국 국방부는 중국과 러시아의 극초음속 무기 추적을 위한 성층권 비행선에 대해 연구 중임을 밝혔다. 영국은 2021년 12월 성층권에서 무인 통신 및 정보·감시·정찰ISR을 수행할 성층권 기구를 도입하는 프로젝트 에테르를 진행하고 있다. 프랑스는 공식적인 사업을 수행하지는 않지만, 업계의 노력을 살펴보고 군이 무엇을 할 수 있는지 알아보기 위한 연구에 돌입했다.

## 성층권 비행을 향해

성층권을 비행할 수 있는 비행체에 대한 연구와 개발도 이어지고 있다. 성층권은 산소 농도가 낮아 제트 엔진이 작동하기 어렵다. 성층권에서 사용할 수 있는 것은 헬륨이나 수소를 사용한 기구(풍선), 비행선, 태양광 비행기가 있다. 참고로, 성층권에서 비행할 시 목표 고도에 도달하는 시간 등을 감안하면 인간이 탑승하기 어려워 무인화가 불가피하다.

### | 성층권 기구 |

커다란 풍선 모양의 성층권 기구는 중국이 미국으로 날려보낸 기구가 대표적이다. 내부에 프레임이 없고 헬륨, 수소 같은 부력용 가스가 기낭에 가득 차 있다. 기낭은 두께가 매우 얇고 가스 누출을 차단할 수 있는 폴리에틸렌 재질로 만들어진다. 기낭 아래에는 각종 임무 장비와 전력 발생용 태양 전지판 등을 매달게 된다.

성층권 기구는 기상과 우주 관측, 미세 운석 입자 수집, 우주 광선 연구, 자기장 관측 등 과학적 목적으로 널리 사용된다. 또한 위성에 비해 운용 비용이 100분의 1 정도로 저렴하며 언제든 회수와 재사용이 가능하다.

### | 성층권 비행선 |

성층권 기구와 비슷한 것으로 성층권 비행선이 있다. 단, 성층권 비행선은 성층권 기구처럼 부력 가스로 부력을 얻되 성층권 기구와 달리 이동을 위한 추진 장치가 있다. 형태적으로도 성층권 기구는 일반적으로 둥글지만 성층권 비행선은 원통형인 경우가 많다. 성층권 비행선은 표면에 전력 발생을 위한 태양 전지가 부착되고 추진 장치도 있어 바람이 약한 고도에서 제자리 비행이 가능하기 때문에 장기 ISR, 통신 중계 등의 임무에 적합하다.

성층권 비행선이 최근에 개발된 건 아니다. 2000년대 초반 미국 등 여러 나라에서 위성의 보완재로 다양한 프로젝트를 진행했다. 그러나 대부분의 프로젝트가 취소됐고 극히 일부만 유지되고 있다.

△ 탈레스-알레니아 스페이스가 개발 중인 성층권 비행선 스트라토부스[24)]

현재 진행 중인 성층권 비행선은 프랑스와 이탈리아 합작 항공 우주 업체인 탈레스-알레니아 스페이스가 2016년부터 개발하고 있는 스트라토부스Stratobus가 대표적이다. 길이 100m 이상, 직경 33m, 중량 5톤을 목표로 하는 스트라토부스는 고도 20km에서 최대 5년간 체공할 수 있는 것으로 알려졌다.

### | 태양광 비행기 |

태양광 비행기는 대부분 상당히 가벼운 재질로 만들어진 넓은 주익을 가진 기체에 필름 형태의 태양 전지와 배터리를 장착하고 있다. 추진력은 태양 전지나 배터리에 저장된 전력으로 전기 모터를 가동해 얻는다. 기체 중량 대비 탑재 중량이 많지 않지만 넓은 지역을 커버할 수 있다는 장점이 부각되고 있다.

현재까지 영국 BAE 시스템스의 PHASA-35, 유럽 에어버스의 제피르Zephyr, 보잉의 혁신 연구 조직인 팬텀 웍스의 솔라 이글, 중국의 치밍싱(영어명 : 모닝 스타)50, 우리나라의 EV3 등이 성층권 비행에 성공했고, 앞으로 정찰 등의 군사적 목적으로 이용될 가능성이 높다.

해군의 무기 체계는 다른 무기 체계에 비해 발전 속도가 비교적 느리다. 하지만 점진적인 발전을 통해 전투에서 격차가 큰 승리를 가져올 수 있는 분야이기도 하다. 해군에서 운용하는 여러 함선을 수상 전투함, 잠수함, 기타 함정으로 정리해 어떻게 발전하고 있는지 알아보자.★

3장

# 해상 및 수중 무기

# 수상 전투함

## 해군 전력의 기본

대부분의 국가에서 해군 무기 체계의 중심은 수상 전투함이다. 현재 수상 전투함에 속하는 것은 배수량 500톤 미만으로 빠르게 기동하는 고속정부터 배수량별로 초계함, 구축함, 순양함이 있다.

단, 함정 분류 기준은 나라마다 다르다. 예를 들어, 우리 해군이 운용하는 만재 배수량 5,500톤의 충무공 이순신급은 구축함으로 분류되지만, 영국 해군이 운용하는 배수량 4,900톤의 23형은 호위함으로 분류된다. 이런 상황을 감안해 함정 분류와 상관없이 수상 전투함의 추세를 소개하고자 한다.

수상 전투함의 발전은 크게 선체, 무장, 센서로 나눌 수 있다. 선체 분야는 20세기 후반부터 도입되기 시작한 스텔스 설계가 강화되는 추세다. 항공기의 스텔스가 레이더 탐지 가능성을 낮추는 데 중점을 맞추고 있다면, 수상함의 스텔스는 레이더, 적외선, 음향 신호 등에 보다 폭넓게 적용되고 있다.

레이더 스텔스는 레이더 전파 반사 면적을 줄이는 방향으로 다양한 함정에 적용되고 있으며, 함선의 외부 형태가 단순화되는 방향으로 발전하고 있다. 그러나 이 분야의 정점으로 꼽히는 미국의 DDG-1000 줌왈트급 구축함처럼 높은 수준의 스텔스 성능을 갖춘 함선은 건조 비용이 많이 들어서 다시 나오기 힘들 것으로 보인다.

대신에, 선체 설계의 최적화, 레이더 및 기타 센서가 통합된 마스트 등 외부 구조물의 단순화를 통해 높은 수준의 레이더 스텔스를 추구하려는 경향은 지속될 것이다. 대표적인 함선으로, 중국의 055형 구축함, 일본의 모가미급 호위함, 우리 해군의 차기 구축함KDDX을 꼽을 수 있다.

선체에서 또 중요한 것은 추진 방식의 변경이다. 많은 함선들이 디젤 엔진과 가스 터빈으로 구성된 추진 방식을 사용하는데, 최근에는 디젤 엔진과 가스 터빈에서 생산된 전력으로 추진용 스크류를 돌리고 센서와 무장에도 전력을 공급하는 통합 전기 추진 체계를 적용하는 사례가 늘고 있다.

변속기와 연결된 디젤 엔진이나 가스 터빈이 추진용 스크류를 돌리는 기존의 추진 방식과 달리, 통합 전기 추진 체계는 전기 모터를 사용하기 때문에 완전 전기 추진 체계로도 불린다. 이 방식에서는 기존 추진 체계에 필수적인 변속기가 필요 없으며, 변속기에 연결되던 디젤 엔진과 변속기를 다른 위치로 옮길 수 있어 유연한 설계가 가능해진다. 소음도 훨씬 줄어들어 함선의 생존성 또한 향상된다.

레이저 무기 등 많은 전력이 필요한 무기와 더 긴 탐지 거리를 가진 새로운 레이더를 지원하기 위해서는 함선에서 많은 전력을 생산해내야 한다. 다량의 전력을 필요로 하는 미래 개량을 위해서라도 통합

△ **세계 최고 수준의 스텔스 설계를 갖춘 미국 해군의 줌왈트급 구축함**[25]

전기 추진 체계로의 발전은 불가피하다.

2023년 초까지 통합 전기 추진 체계를 적용한 함선은 미국의 줌왈트급 구축함, 영국의 45형 구축함과 퀸 엘리자베스급 항공 모함 정도이지만 앞으로 더욱 늘어날 것이다.

# 잠수함

## 보이지 않는 바닷속 전력

잠수함은 수중에서 은밀하게 활동할 수 있어 전 세계 많은 나라의 해군이 보유하고 있는 수중 무기 체계다. 잠수함은 추진 방식에 따라 크게 디젤-전기 추진과 핵 추진으로 나눠진다. 재래식 잠수함으로도 불리는 디젤-전기 추진 방식의 잠수함은 수중에서는 배터리에 충전된 전기로 프로펠러를 돌려 움직이고, 수면으로 부상할 시 디젤 엔진을 작동시켜 배터리를 충전한다.

잠수함은 수면에 있을 때 가장 취약하다. 이런 취약점을 최대한 줄이기 위해 디젤-전기 추진 잠수함은 수중에서도 배터리를 충전할 수 있도록 공기 불요 추진AIP 장치를 달기도 한다. AIP는 재래식 잠수함의 생존에 필수적이나 높은 출력을 낼 수 없다는 단점이 있다.

## 리튬 이온 배터리의 도입

최근 디젤-전기 추진 잠수함에 기존의 납 배터리를 동일 체적 대비 전기 밀도가 높은 리튬 이온 배터리로 교체하는 새로운 기술이 도입되기 시작했다. 납 배터리를 리튬 이온 배터리로 교체하면 같은 체적에서도 더 많은 전력을 낼 수 있고, 배터리 수명이 더 길어지며, 수중에서의 항해 시간도 더 늘어난다.

리튬 이온 배터리는 충전 속도가 훨씬 빠르다. 그래서 발전용 디젤 엔진을 가동하기 위해 발전기를 돌릴 공기를 빨아들이는 스노켈을 수면에 노출하는 시간을 줄일 수 있다. 덕분에 추가적인 부피를 차지하는 AIP 시스템을 제거할 수 있는 것이다.

처음으로 잠수함에 리튬 이온 배터리를 적용한 국가는 일본이다. 일본 해상 자위대는 소류급 잠수함 11번과 12번 함에 납 배터리 대

△ 배치2부터 리튬 이온 배터리를 적용하는 국산 3,000톤급 잠수함 도산 안창호급[26)]

신 리튬 이온 배터리를 탑재하고 AIP용 스털링 엔진은 유지했다. 소류급의 후속함인 타이게이급은 외형은 소류급과 유사하지만, 리튬 이온 배터리 탑재를 위해 내부를 재설계했고 AIP용 스털링 엔진도 제거했다. 우리나라 역시 2025년부터 3척을 도입할 장보고-3KSS-III 배치2부터 리튬 이온 배터리를 적용하되, 장보고-3 배치1에서 사용한 국산 연료 전지 AIP는 유지할 예정이다.

그러나 많은 장점을 가진 리튬 이온 배터리라 하더라도 핵 추진 잠수함의 항해 성능을 따라갈 수는 없다.

## 핵 추진 잠수함

핵 추진 잠수함은 미국, 러시아, 중국, 영국, 프랑스, 인도 정도가 자체적으로 건조 및 운용 중이다. 이런 구도는 머지않아 호주와 브라질에 의해 깨질 것으로 보인다. 호주는 미국, 영국과 오커스 협정을 맺으면서 프랑스에서 도입하려던 디젤-전기 추진 잠수함 사업을 폐기했다. 그 대신 미국에서 버지니아급 핵 추진 공격 잠수함SSN 최대 5척을 우선적으로 도입하고, 이후에 영국과 신형 SSN을 공동 개발해 배치하기로 했다.

브라질은 2008년 프랑스와 군용 함선 제작 기술 이전을 위한 협력에 합의하고 잠수함 개발 프로그램을 진행하고 있다. 이 프로그램은 프랑스의 기술 지원을 받아 스콜펜급 디젤-전기 추진 잠수함 4척을 현지에서 건조하고, 이전에 받은 선체 제작 기술에 자체 개발한 잠수함용 원자로를 탑재해 자체적으로 핵 추진 잠수함을 건조하는 것이다.

브라질은 2020년 10월 핵 추진 잠수함용 원자로 시제품 조립을 시작했으며, 시제품 검증이 끝난 후 본격적인 건조에 들어가 2034년 첫 번째 잠수함을 취역시킬 예정이다.

## 잠수함의 무기 체계

잠수함의 종류에 상관없이 무기 체계도 변하고 있다. 현재 잠수함이 운용하는 무기는 어뢰, 기뢰, 대함 또는 대지 공격용 순항 미사일이 기본이고, 전략 무기로 탄도 미사일을 탑재하기도 한다.

잠수함에 탑재될 새로운 무기에는 극초음속 미사일이 있다. 극초음속 미사일은 음속의 5배 이상의 속도로 비행하기 때문에 요격이 힘들다. 러시아는 잠수함에 지르콘이라는 극초음속 대함 순항 미사일을 탑재했다. 미국은 2028년부터 버지니아급 공격 잠수함에 자국 육군과 개발 중인 재래식 즉시 타격CPS 극초음속 미사일을 탑재할 계획이다.

잠수함 탑재 무기 체계에서 눈여겨볼 부분은 무인 항공기 운용의 발전이다. 2013년 7월 미국 해군은 잠수함의 어뢰 발사관에서 캡슐에 담긴 소형 무인 항공기를 발사하는 데 성공했다. 무인 항공기가 담긴 캡슐은 수면 근처에서 무인 항공기를 발진시켰다. 잠수함이 수중에서 무인 항공기를 발진시키면 적에게 탐지되지 않고도 정찰이 가능하며, 무인 항공기에 폭발물을 탑재할 경우에는 공격도 가능하다. 다만 잠수함에서 사용하는 무인 항공기는 회수에 어려움이 있어 소모성으로 저렴하게 개발해야 한다.

무인 항공기 외에 무인 잠수정을 탑재하기도 한다. 잠수함에서 분리된 무인 잠수정은 잠수함이 갈 수 없는 얕은 수심에서도 작전이 가

△ 미국 해군이 잠수함 탑재용으로 고려하다 취소한 스네이크헤드 LUUV[27]

능하고, 여러 척이 활동할 경우 훨씬 넓은 지역을 정찰하거나 기뢰 같은 폭발물을 설치할 수 있다.

공격용 무인 잠수정 가운데에는 러시아의 포세이돈처럼 핵탄두를 탑재한 것도 있다. 포세이돈은 2018년 3월 1일 푸틴 대통령이 연방의회에서 공개한 여섯 가지 슈퍼 무기 중 하나다. 포세이돈은 2015년 러시아 방송에서 스테이터스-6이라는 코드명과 함께 구조도가 노출된 적이 있다. 당시 노출된 자료에는 길이 24m, 직경 1.6m로 소형 원자로를 갖춰 최대 사정거리가 1만km에 달하며, 수중에서 자율 항행이 가능하다고 소개돼 있었다.

러시아 해군은 포세이돈을 운용하기 위해 프로젝트 949A 오스카급 잠수함 1척을 프로젝트 09852 벨고로드로 개조했다. 2020년 6월에는 포세이돈 6발을 탑재할 수 있는 프로젝트 09851 하바롭스크를 진수했다.

# 기타 함선

## 새로운 기술의 접목

호위함이나 구축함 같은 수상 전투함 및 잠수함과 함께 해상전의 핵심적인 함선으로 항공 모함을 꼽을 수 있다. 2023년 3월 기준 항공모함을 보유한 국가는 미국, 영국, 프랑스, 러시아, 중국, 인도, 브라질, 태국 등이다. 단, 태국은 함재기가 노후해 해상 전력으로 의미가 없는 상황이다.

항공 모함은 탑재하고 있는 전투 비행단을 통해 먼 거리에 전력을 투사할 수 있기 때문에 강력한 함정이지만, 도입과 유지에 드는 비용 문제로 일부 국가만 운용하는 실정이다. 그렇지만 헬기 구축함을 개조하고 있는 일본을 포함해 향후 항공 모함 보유국은 계속해서 늘어날 것으로 보인다.

## 항공 모함의 기술적 진보

항공 모함에서의 기술적 진보를 보여주는 대표적인 예는 바로 미국 해군과 중국 해군이 채택한 전자식 항공기 발진 시스템EMALS이다. 기존의 증기식 항공기 사출기는 사출기에 필요한 증기를 만들기 위해 별도의 증기 보일러가 필요하고, 보일러에서 사출기까지 연결되는 파이프라인도 설치해야 한다.

EMALS는 선형 유도 모터를 사용하므로 증기 파이프 같은 별도의 기반 시설이 필요 없어 전체 시스템의 크기를 줄일 수 있다. 뿐만 아니라 크기가 작아서 필요하다면 대형 갑판을 가진 강습 상륙함LHD에 설치할 수도 있다.

△ 증기식 사출기에서 발생하는 증기[28)]

## 항공 모함에 부는 무인 항공기 바람

무인 항공기 바람은 항공 모함에도 예외 없이 불고 있다. 항공 모함에서 무인 항공기를 운용한 것은 2차 세계 대전 당시 태평양에서 미국 해군이 TDR-1이라는 폭탄 탑재 무인 항공기를 시험적으로 운용한 것이 처음이다.

이후 다양한 무인 항공기가 해군 함정에 실려 운용됐지만, 이륙 시 로켓 모터를 사용했고 함포 공격용 목표 확인이나 피해 판정을 위한 목적으로만 운용됐다. 미국 해군은 2000년대 들어 무인 전투기를 개발하려고 했으나 예산 등의 문제로 포기하고, 대신 항모 전투단 소속 전투기에 공중 급유를 할 수 있는 무인 공중 급유기인 MQ-25 스팅레이의 실전 배치를 앞두고 있다.

2023년 현재 MQ-25 스팅레이는 항공 모함에서 사출기를 이용하는 유일한 무인 항공기이지만, 앞으로 이와 같은 방식으로 항공 모함에서 무인 항공기를 운용하는 나라는 늘어날 것이다. 2021년 3월 영국 국방부는 퀸 엘리자베스급 항공 모함에 설치할 EMALS와 강제 착함 장치에 대한 정보를 요청했는데, 이는 유인 전투기보다 가벼운 무인 항공기를 위한 것으로 추정된다.

항공 모함과 함께 무인 항공기를 운용할 다른 함선으로 상륙함이 있다. 상륙함은 다양한 종류가 있지만, 앞으로 많은 헬리콥터 운용을 위해 넓은 비행 갑판을 지닌 무인 항공기 모함이 주가 될 것으로 보인다.

무인 항공기 모함으로서 상륙함을 고려하는 국가에는 튀르키예, 중국 등이 있다. 튀르키예는 미국제 F-35B 전투기 도입이 불가능해지자 그 대안으로서 스페인의 기술 지원으로 건조한 상륙함에 자신들이 개발한 무인 항공기를 탑재한 항공 모함을 만들겠다는 계획을 발표했다. 또한 중국은 075형 상륙함을 개량한 076형 상륙함에 전자기 사출기를 달아 무거운 무인 항공기도 띄울 수 있도록 만들 계획이라고 알려졌다.

기존과 다른 방식으로 무인 항공기 모함을 도입하려는 국가도 있다. 이란은 1980년대 이란-이라크 전쟁 말기부터 무인 항공기 연구를 시작했다. 뿐만 아니라 이란은 우크라이나를 침공한 러시아에 자폭 드론을 공급할 정도로, 이른바 중동의 무인 항공기 강국이다. 이란 해군은 2022년 7월 갑판에 로켓 부스터로 이륙하는 무인 항공기 여러 대가 있는 전차 상륙함LST과 수송선을 공개하며 해상에서 소모품으로 무인 항공기를 운용할 계획임을 공개했다. 이 밖에도 많은 화물을 싣기 위해 넓은 공간을 가진 민간 화물선을 무인 항공기 모함으로

△ 튀르키예 해군 상륙함에서 운용 예정인 TB3 무인 항공기의 CG 이미지[29]

개조하는 모습도 포착됐다.

이란의 사례는 무인 항공기의 활용 폭을 넓히려는 다른 나라들에게 아이디어를 제공했다. 그 결과로 비교적 저렴한 가격에 무인 항공기 모함을 도입하는 국가들은 계속 늘어날 것이다.

지금까지 육·해·공을 망라한 다양한 분야의 무기 개발 동향을 간단히 소개했다. 현재 개발되고 있는 다양한 첨단 무기들에서 6세대 전투기와 무인 전투기처럼 인공 지능의 도움을 받는 무기 체계가 큰 비중을 차지할 것으로 전망된다.

하지만 인공 지능은 만능이 아니다. 인공 지능이 인간보다 빨리 계산하고 다양한 정보를 취합해 의사 결정을 지원할 수 있다 하더라도 최종 결정권은 인간에게 있다. 전쟁 역시 마찬가지다. 전쟁에는 무기가 사용되지만 수행의 주체는 인간이라는 사실을 잊으면 안 된다.

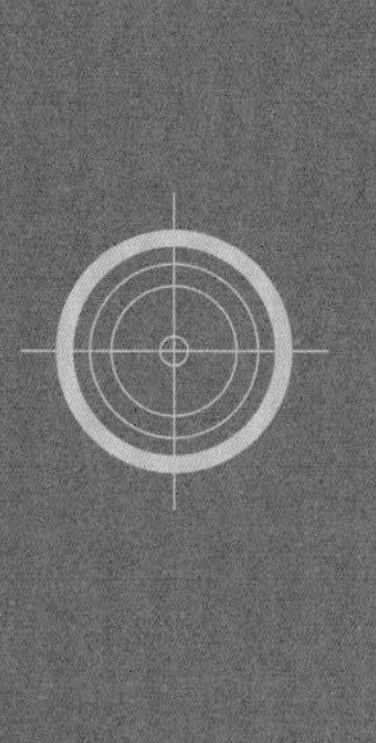

# 3부. 게임 체인저

인류의 역사가 시작된 이래 전쟁을 위해 다양한 무기들이 개발되고 발전해왔다. 여러 무기 가운데 화약처럼 분쟁이나 전쟁의 판도를 바꿀 만한 수준의 무기도 등장했는데, 최근 이런 무기 체계를 '게임 체인저'라 한다.

게임 체인저의 사전적 의미는 '어떤 일에서 결과나 흐름의 판도를 뒤바꿔놓을 만큼 중요한 역할을 한 인물이나 사건'으로서, 군사적으로는 전쟁의 결과나 흐름을 변화시킬 수 있는 획기적인 무기 체계나 전략 등을 뜻한다.

그런데 국내외에서 다양한 신무기에 대한 정보가 쏟아져나오는 가운데 게임 체인저라는 표현이 남발되면서 그 의미가 퇴색되는 일이 많아졌다. 이에 공신력 있는 매체들이 분석한 진정한 게임 체인저는 무엇이고 어떤 의미를 지니는지 제대로 짚어보고자 한다.

오늘날 세계는 새로운 속도 경쟁의 한가운데에 있다. 그동안 장거리 공격은 미사일의 영역이었지만, 첨단 기술은 우주에서 내리꽂히는 탄도 미사일도 막아내는 '미사일 방어'라는 방패를 만들었다. 그런데 이런 미사일 방어망을 무력화시키는 극초음속 무기가 등장했다.★

# 1장

# 극초음속
무기

# 극초음속 무기의 등장

## 음속의 5배가 넘는 속도가 지닌 위력

인류는 오랫동안 더 빠른 속도를 추구해왔다. 냉전 때 하늘에서 벌어진 속도 경쟁은 소리의 속도, 즉 음속보다 얼마나 빨리 나는가로 이어졌다. 음속은 온도와 밀도에 따라 변하긴 하지만, 통상적으로는 비행체의 속도를 소리의 속도로 나눈 값인 마하를 기준으로 삼는다. 마하1 이

△ 탄도 미사일은 낙하 속도가 극초음속에 속하지만 극초음속 무기로 분류하지 않는다.[1]

하는 아음속, 0.8~1.2는 천음속, 1~5는 초음속, 5 이상은 극초음속이라고 한다.

인류는 이미 극초음속에 도달했다. 지구 궤도에서 지상으로 낙하하는 우주선이나 장거리 탄도 미사일이 낙하할 때 최대 마하25에 이르기도 한다. 단, 일반적으로 극초음속 무기를 정의할 때 탄도 미사일은 포함하지 않는다.

일반적으로 극초음속 무기가 되기 위해서는 충족해야 하는 세 가지 조건이 있다. 첫째, 목표를 타격하는 순간까지 마하5 이상의 속도로 비행한다. 둘째, 대기권에서 비행 중 궤도를 변경하며 기동할 수 있어야 한다. 탄도 미사일은 일정한 궤적을 그려 탄착 지점을 예상할 수 있지만, 극초음속 무기는 궤도를 바꿀 수 있어 탄착 지점을 예상하기 어렵다. 이 탄착 지점을 예상할 수 없기 때문에 미사일 방어 시스템으로 막기 어려워지는 것이다. 셋째, 비행의 모든 과정이 지표면에서 100km 이내인 대기권 안에서 이뤄져야 한다. 탄도 미사일은 단거리를 제외하고 대부분이 수백km 이상의 고도로 올라가기 때문에 장거리 레이더로 포착이 가능하다. 그런데 대기권 내에서만 움직인다면 레이더에 의한 탐지 가능 거리가 짧아지고, 방어하는 편에서는 미사일 방어망을 준비할 시간이 줄어들게 된다.

극초음속 무기는 추진 방식에 따라 다시 극초음속 활공체와 극초음속 순항 미사일로 나눠진다.

극초음속 무기는 최근에 등장한 것이 아니라 냉전 종식 이후 강대국들이 서로 다른 이유로 개발하기 시작했다. 미국은 시간 민감 표적 혹은 긴급 대응 표적이라 불리는 테러 지도부나 이동 중인 대량 살상 무기 등을 빠르게 처리하기 위한 목적으로 개발을 추진하다 중단했

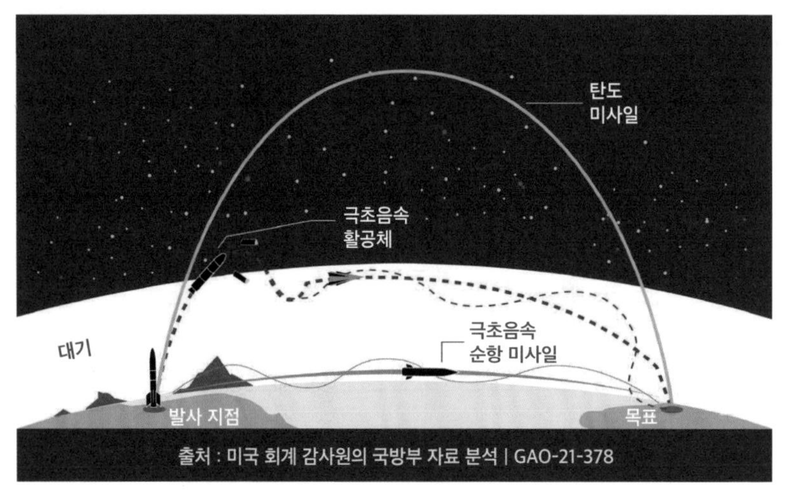


△ **탄도 미사일, 극초음속 활공체, 극초음속 순항 미사일 궤적 비교**[2]

다. 중국과 러시아는 미국의 미사일 방어망을 무력화할 수단으로 개발하기 시작했다.

극초음속 무기는 기본적으로 미사일과 유사한 타격 수단이지만, 넓은 의미에서 보면 다른 미사일이나 무기를 운반할 수 있는 탑재체로서의 역할도 가능하다. 극초음속 무기가 커지면 극초음속 정찰기나 폭격기가 될 수 있는 것이다.

하지만 극초음속 무기는 비행 중 공기와 마찰로 인해 발생하는 엄청난 열과 진동을 견디고 내부 장비를 보호하기 위한 냉각 시스템이 필요하기 때문에 첨단 소재와 설계 기술이 필요하다. 이런 이유로 연구가 시작된 지 상당한 시간이 흘렀음에도 극초음속 무기를 실전에 배치한 국가들은 매우 적다.

# 극초음속 활공체

## 대기권 밖에서 내려와 활공하며 타격한다

극초음속 활공체는 탄도 미사일 같은 로켓 추진체의 도움을 받는 무기다. 극초음속 활공체는 로켓 추진체에 실려 발사된 뒤 지구 대기권 밖에서 활공체가 분리된다.

이 단계를 지나면 대기권 상층에서 하강 속도를 늦추며 안정적인 활강 단계로 들어선다. 활강 단계에서는 활강체가 대기에 의해 발생한 양력을 사용해 목표 인근까지 비행하며 이 과정에서 궤도와 고도를 바꿀 수 있다. 마지막으로 활강체가 목표와 빠르게 충돌한다.

극초음속 활공체의 형상은 크게 원뿔형과 쐐기형(날개형)으로 나눠진다. 원뿔형 활공체는 활공을 위한 비행 성능이 쐐기형에 뒤지지만 상대적으로 설계가 쉽다. 미국은 최근 배치를 시작한 극초음속 무기의 초기 버전에 원뿔형 활공체를 사용했다. 쐐기형은 원뿔형에 비해 성능이 우위에 있어 더 먼 거리를 비행할 수 있지만 설계와 개발이 어렵다. 그래서 미국같이 극초음속 기술이 발전한 국가도 원뿔형 활공

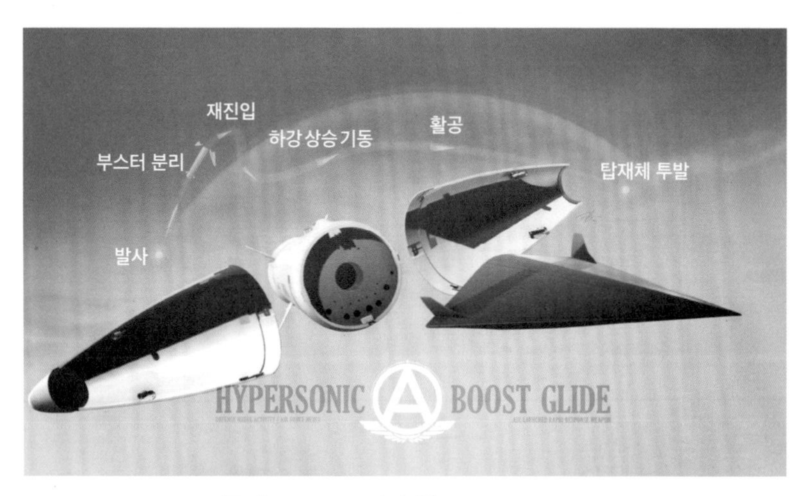


△ 미국의 ARRW CG 이미지[3]

체를 먼저 배치하고 추후에 쐐기형 활공체를 배치하는 것이다. 참고로, 2023년 4월 기준으로 극초음속 활공체의 실전 배치가 일반에 알려진 것은 중국의 DF-17이 유일하다.

극초음속 활공체를 개발하고 있거나 배치한 나라는 늘어나고 있다. 2023년 기준으로 러시아의 아방가르드, 중국의 DF-15, 미국의 LRHW와 작전 화력OpFires 등이 배치됐다. 북한도 2021, 2022년에 극초음속 활공체 개발을 선언했지만 실제 극초음속 비행이 가능한지 여부는 확인된 바 없다. 이외에 일본이 도서 방위용 고속 활공탄을 개발하고 있고, 우리나라도 유사한 무기 체계를 개발하고 있다.

# 극초음속 순항 미사일

## 스크램제트 엔진으로 낮고 빠르게 비행한다

극초음속 순항 미사일은 속도를 얻기 위해 스크램제트Scramjet라는 특수한 엔진을 사용한다. 스크램제트 엔진은 일반적인 항공기에서 사용하는 터보제트나 터보팬 엔진과 달리 터빈과 압축기가 없고, 공기 흡입구, 연소실, 배기구로 그 구조가 간단하다. 그러나 연소가 일어나는데 초음속 이상의 속도가 필요하기 때문에 엔진을 작동시키기 위해서는 로켓 모터 등에 의한 가속이 필요하다.

극초음속 활공체가 속도를 얻기 위해 높은 고도에서 낙하해야 하는 것과 달리, 극초음속 순항 미사일은 엔진을 사용하므로 낮은 고도에서도 운용이 가능하다. 스크램제트 엔진을 작동시키기 위해서는 로켓 모터 같은 보조 수단이 필요하고 연료가 없으면 엔진이 가동되지 않는다. 따라서 상대적으로 비행 거리가 짧고 속도 또한 마하10 정도에 그친다. 극초음속 순항 미사일은 비행 중 기동이 가능하지만, 엔진에 유입되는 공기의 속도가 유지돼야 하기 때문에 비행기처럼 자유롭

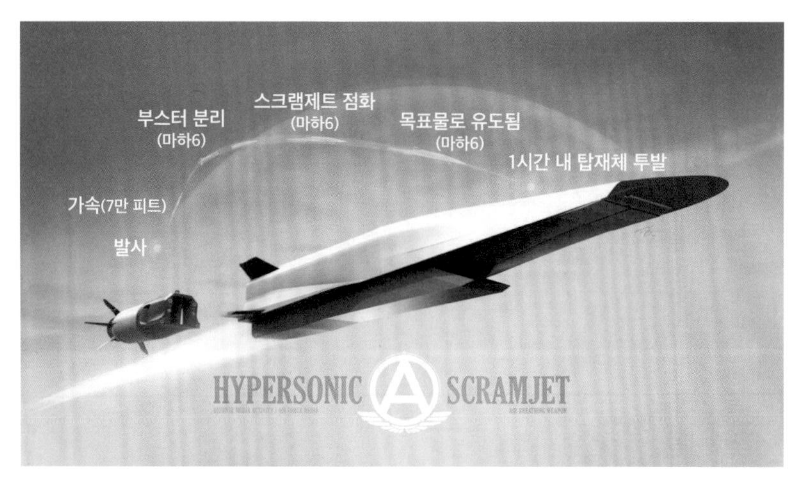


△ 극초음속 순항 미사일 CG 이미지[4]

게 비행하지 못한다.

극초음속 활공체가 5,500km 이상의 중거리 공격용으로 사용되는 데 비해, 극초음속 순항 미사일은 대부분 중거리 이하를 공격하는 용도로 사용된다. 주로 해군 함정이나 지상 목표를 공격하는 용도로 쓰이며, 탑재 플랫폼은 해군 수상함, 잠수함, 폭격기, 지상 차량 등으로 다양하다.

극초음속 순항 미사일을 배치했거나 개발하고 있는 국가는 손에 꼽는다(2023년 4월 기준). 러시아에는 해군 함정에서 운용하는 지르콘 대함 미사일과 2021년 개발 중이라고 밝힌 Kh-95 미사일이 있다. 미국은 공군이 HACM, 해군이 HALO를 개발하고 있다. 그 밖에 중국, 인도, 일본, 우리나라가 극초음속 순항 미사일 개발을 계획하고 있다.

# 극초음속 무기 방어

## 공격보다 어려운 방어

냉전 때 본격적으로 사용되기 시작한 탄도 미사일은 폭격기와 함께 장거리 공격 수단의 대표 주자였다. 1990년대 이후 미사일 방어 기술이 발달했고, 최근에는 사우디아라비아와 아랍에미리트가 예멘의 후티 반군이 발사한 이란제 탄도 미사일을 막아내는 성과를 거뒀다.

중국과 러시아가 미국의 미사일 방어망을 무력화시키기 위해 극초음속 활공체와 극초음속 순항 미사일 개발에 나섰고, 이에 미국도 이와 같은 새로운 위협을 막기 위해 움직이고 있다.

미사일 방어 시스템에 탐지용 레이더, 지휘 통제 시스템, 요격 미사일이 필요하듯, 극초음속 무기를 막을 방어 시스템 역시 많은 요소가 필요하다. 극초음속 무기 방어 체계는 기본적으로 탄도 미사일 방어 체계와 거의 유사하며, 위협을 탐지 및 추적하는 센서, 위협 정보를 수집하고 요격 부대에 전달하는 통제 센터, 위협을 요격하는 요격체가 필요하다. 단, 극초음속 무기 방어는 탄도 미사일 방어보다 어렵기 때문에 더욱 정교하고 빠른 방어 체계를 갖춰야 한다.

## 탐지 체계

극초음속 무기 방어를 위한 탐지 체계의 기본은 레이더다. 그러나 지상이나 해상의 레이더는 대기권에서 낮게 깔리면서 비행하는 극초음속 무기를 탐지하기 어렵다. 지상이나 해상의 레이더는 비행 고도가 높은 물체일수록 더 멀리서 탐지할 수 있지만, 비행 고도가 낮을 경우 탐지 거리가 극히 짧아진다.

이런 문제를 극복하기 위한 하나의 방법이 바로 우주 궤도에 있는 인공위성이다. 인공위성으로 극초음속 활공체 발사용 로켓 모터의 화염을 탐지하고, 대기와의 마찰로 활공체 표면에 생기는 높은 열을 탐지하는 것이다. 비행 중 높은 온도의 배기가스와 마찰열을 내는 극초음속 순항 미사일도 인공위성으로 탐지할 수 있다.

△ 극초음속 무기를 빠르게 탐지하려면 인공위성이 필수적이다.[5)]

미국과 일본은 중국과 러시아의 극초음속 무기를 인공위성을 통해 탐지하는 조기 경보망을 구축하고 있다. 미국은 탄도 미사일과 극초음속 무기 탐지를 위해 정지궤도와 극궤도에 오피르OPIR라는 적외선 탐지 위성을 소량 배치하고, 저궤도에는 HBTSS라는 소형 탐지 위성 수백 개를 배치할 계획이다. 일본도 지구 저궤도에 50개의 소형 위성을 배치해 탄도 미사일과 극초음속 무기를 탐지 및 추적할 계획을 갖고 있다. 뿐만 아니라 두 나라는 서로의 탐지 위성망을 연동해 탐지 능력과 효율을 높이기 위한 협의를 하고 있다.

한편, 새롭게 떠오르는 탐지 체계로 성층권 기구가 있다. 미국은 성층권에서 비행하는 성층권 기구로 극초음속 무기를 탐지 및 추적하려는 계획을 갖고 있으며, 마약 밀매 단속을 위해 국경 지대 상공에 띄웠던 25개의 기구로 구성된 콜드 스타 체계를 군사용으로 전환시켰다.

## 요격 체계

극초음속 무기의 요격 체계는 기본적으로 탄도 미사일이나 순항 미사일 요격 체계에 사용되는 미사일과 거의 유사하다. 그러나 탄도 미사일 방어에 사용하던 SM-3 같은 외기권 요격체의 운용 고도는 극초음속 무기가 비행하는 고도인 100km 이하보다 훨씬 높아 사용할 수 없다.

대기권에서 운용하는 대기권용 요격 미사일은 요격용 무기로 사용될 수 있으며, 극초음속 무기의 속도가 빠르기 때문에 더 먼 거리에서 요격하기 위해 사거리를 늘리고 정밀한 유도를 위한 개량이 이뤄질 예정이다.

미국의 경우, 기존의 무기 체계에서 해군의 SM-6, 육군의 고고도 종말 방어 체계THAAD 등이 사용 가능하다. 미국 해군의 SM-6은 러시아의 지르콘 같은 극초음속 대함 순항 미사일 요격을 위해 이지스 베이라인9 전투 체계와 연동돼 운용될 예정이다. 미국 육군의 THAAD는 신형 탐색기를 탑재할 계획이며, 제작사인 록히드 마틴은 사거리가 연장된 THAAD-ER을 정부에 제안하고 있다. 이외에 활공 단계 요격체GPI라는 새로운 요격체를 개발하고 있다.

일본은 03식 중거리 대공 방어 미사일의 소프트웨어를 개량해 극초음속 무기 요격에 사용하겠다는 계획을 발표했다. 애로우 시리즈 탄도 미사일 방어 체계를 갖춘 이스라엘도 이란의 극초음속 무기 개발에 대응하기 위해 개발 중인 애로우4 방어 시스템에 극초음속 무기 대응 능력을 부여할 계획이다. 유럽에서는 탄도 미사일과 극초음속 무기 모두 탐지, 추적, 방어가 가능한 방어 시스템 개발을 목표로 하는 유럽 극초음속 방어 요격체EU HYDEF 프로그램이 진행되고 있다.

△ 극초음속 무기 요격을 위해 성능이 개량될 THAAD[6)]

## 100% 방어는 불가능

다양한 극초음속 무기 방어 프로그램들이 존재하지만 극초음속 무기를 완전히 막을 수는 없다. 탄도 미사일이나 극초음속 무기를 막는 요격체의 성능을 나타내는 것으로 요격 확률Pk이 있다. Pk는 명중률, 운용자의 행동, 유도 정밀도 등 다양한 요소가 종합적으로 고려돼 평가된다.

모든 요소가 곱해져 1이 돼야 이른바 '백발백중'이다. 하지만 단 한 발로 Pk=1이 되는 경우는 거의 없다고 봐도 무방하다. Pk가 1이 되기 위한 최선의 방법은 최소 2발의 요격체를 사용하는 것이다. 실제로 탄도 미사일 방어 체계는 적의 탄도 미사일을 막기 위해 2발의 요격체를 발사한다. 쉽게 말해, 적이 100발을 발사하면 최대 200발의 요격체를 발사해야 한다. 이런 상황은 앞서 설명한 탐지 체계 구축에 들어가는 비용과 더불어 요격체 구입에 많은 예산이 들어간다는 것을 의미하기도 한다.

게다가 적이 막을 수 있는 것보다 더 많은 무기를 발사할 경우 방어가 어려워진다. 이런 상황을 미연에 방지하기 위해서는 반격 능력을 갖추고 보호하는 것이 필요하다. 방어망을 구축하는 동시에 반격 능력으로 적의 추가 공격을 막는 것 역시 다른 의미의 방어라고 할 수 있다.

현재 군대가 사용하는 무기의 대부분은 총탄, 포탄, 미사일처럼 고속으로 가속된 물체가 갖는 운동 에너지로 목표를 파괴하는, 이른바 '운동 에너지 무기'다. 운동 에너지 무기는 보관할 공간을 비롯해 저장소에서 사용하는 곳으로의 운반도 필요하다. 또 발사할 수 있는 횟수가 탄이나 미사일 수로 제한된다. 그런데 현대의 전자 및 광학 기술로 탄생한 '지향성 에너지 무기'는 에너지만 공급된다면 이론상으로 발사 횟수에 제한을 받지 않고 운용할 수 있다.★

2장

# 지향성 에너지 무기

# 지향성 에너지 무기의 특징

지향성 에너지 무기는 순간적으로 집중된 전자파, 광자, 하전 입자, 음파 등을 특정한 방향으로 방출시킴으로써 목표를 무력화시킨다. 광자는 레이저, 전자파는 고출력 마이크로파, 하전 입자는 입자 빔, 음파는 지향성 음향 무기로 사용된다.

지향성 에너지 무기는 운동 에너지 무기에 없는 몇 가지 특징이 있다. 첫째, 빠른 속도다. 음파를 제외하고 나머지 무기는 빛의 속도로 움직이기 때문에 표적이 멀리 떨어져 있어도 빠르게 대응할 수 있다. 둘째, 직진성이다. 지향성 에너지 무기는 광자나 전자기파를 이용하므로 엄청난 중력이나 자기장이 없는 한 직진한다. 셋째, 발사 횟수에 제한이 없다. 총이나 포 같은 운동 에너지 무기와 달리 에너지가 공급되는 한 이론상 무제한으로 발사가 가능하다. 넷째, 탄약이나 미사일 같은 물리적 발사체가 없기 때문에 물류 문제가 없고, 초기 도입비가 많이 들되 발사 및 유지에 들어가는 비용은 상대적으로 저렴하다.

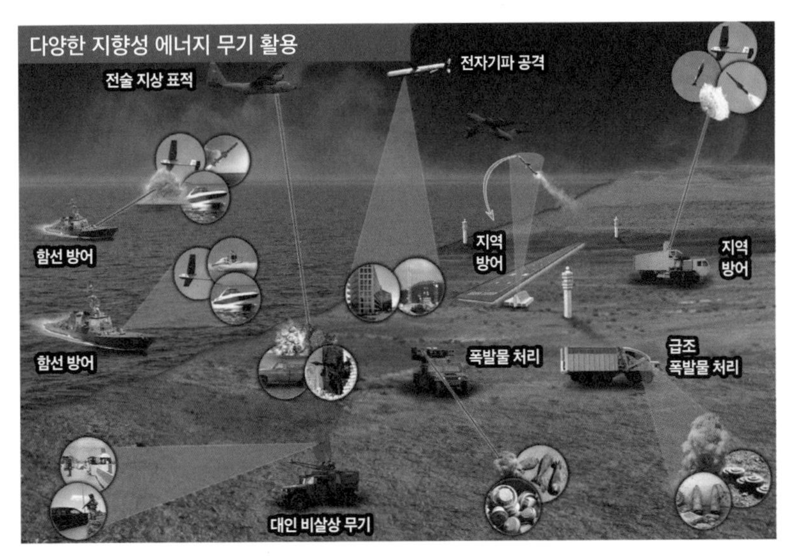


△ 미국 국방부가 구상 중인
다양한 지향성 에너지 무기[7]

지향성 에너지 무기가 아무리 장점이 많다고 하더라도 단점이 없을 수는 없다. 첫째, 직진성으로 인해 운동 에너지 무기처럼 지평선 혹은 수평선 너머의 표적을 공격할 수 없다. 둘째, 시스템 크기가 크고 냉각이 중요하다. 대부분의 지향성 에너지는 생성될 때 에너지가 소모되는 과정에서 열이 발생한다. 열은 시스템에 치명적이므로 냉각이 필수이며 이런 점은 시스템 크기를 키우는 한 원인이 된다. 셋째, 비나 안개 등 기상 환경의 영향을 많이 받는다.

아직 개발이 이뤄지지 않은 입자 빔 및 시위 진압이나 해적 퇴치 시 비살상 무기로서 주로 사용되는 음파를 제외하고, 실제로 개발이 이뤄지고 있는 레이저, 전자기 펄스, 고출력 마이크로파 무기의 현황을 소개한다.

# 고출력 레이저 무기

## 빛의 속도로 파괴한다

다양한 지향성 에너지 무기가 있지만 그 가운데 대표적인 것으로 레이저가 있다. 단색의 직진성을 특징으로 하는 레이저는 '유도 방출 전자기파에 의한 빛의 증폭'을 뜻하는 영문의 약자다. 1960년 미국의 물리학자 시어도어 메이먼이 루비를 이용해 최초로 레이저 실험에 성공하면서 사용되기 시작했다. 현재 레이저는 산업과 의료 등 다양한 분야에서 사용되며, 군사적으로는 거리 측정, 무기 유도에 사용되고 폭발물 제거 등으로 용도가 확대되고 있다.

하지만 이런 용도의 레이저는 포탄이나 미사일을 막을 수 없다. 일반적으로 소형 드론 격추에는 50~60kW, 대전차 미사일 격추에는 100kW, 순항 미사일 격추에는 300kW, 탄도 미사일 격추에는 1MW 출력이 필요하다고 알려져 있다. 무기 파괴가 가능한 높은 출력의 레이저를 고출력 레이저HEL라고 한다.

## HEL 개발의 어려움

HEL 개발은 1970년대부터 시도됐다. 미국은 1980~90년대에 육군의 400kW 전술 고출력 레이저THEL와 공군의 1~2MW 출력의 항공기 탑재 레이저 YAL-1 등으로 성과를 이뤘다. 구소련도 A-60 항공기 탑재 레이저 무기 등 다양한 체계를 연구 및 개발했다. 그러나 미국은 안전성 등으로, 구소련은 냉전 종식과 연방 해체 후 경제난으로 후속 개발과 연구가 이어지지 못했다.

HEL에 대한 연구는 2010년대 들어 다시 본격화됐다. 개발에 적극적인 미국은 육해공군이 각자의 필요성에 의해 HEL 개발을 진행하고 있다. 크게 대공 및 기지 방어, 함정 방어, 항공기 방어, 지상 공격을 위해 HEL이 개발되고 있다.

일반적으로 HEL은 출력이 높을수록 시스템이 커지지만, 기술 발전 덕분에 과거에 비해 크기를 획기적으로 줄일 수 있게 됐다. 예를 들어, 2013년 미국 육군이 개발한 10kW 출력의 고에너지 레이저-이동식 기술 실증기HEL-MD가 컨테이너 정도 크기였다면, 미국 육군이 곧 배치할 50kW 출력의 DE M-SHORAD라는 대공 방어 시스템은 스트라이커 차륜형 장갑차에 들어갈 정도로 작아졌다.

다만 레이저를 항공기에 통합하는 일은 매우 어렵다. 기술 개발로 크기를 줄인다 하더라도 레이저가 대기 중 수분, 즉 구름 따위의 영향을 크게 받기 때문이다. 레이저는 빠르게 이동하는 목표에 초점을 맞추고 파괴가 일어날 때까지 에너지를 전달해야 한다. 이 과정에서 목표가 급기동하거나 갑작스럽게 멀리 달아날 경우 파괴를 보장할 수 없다.

움직이는 항공기에서 공중에서 빠르게 움직이는 표적을 지속적

△ 미국 공군이 개발하다 중단한 YAL-1 항공기 탑재 레이저 무기[8]

으로 추적하는 것은 상당히 어렵다. 이런 이유로 미국 DARPA는 공중 플랫폼 가운데 레이저 무기의 통합이 가장 늦게 이뤄질 것으로 전망했다.

## 다양한 개발 사례

어려움 속에서도 레이저를 다양한 용도로 사용하기 위해 여러 고출력 레이저가 개발되고 있다. 대공 방어는 고출력 레이저의 대표적인 활용 사례라 할 수 있다. 미국 해병대는 보잉으로부터 차량 등에 설치할 수 있는 드론 방어용 10kW 출력의 CLWS를 납품받았다. 미국 육군은 레이시온으로부터 기동 부대를 따라다닐 수 있도록 스트라이커 차륜형 장갑차에 50kW 레이저를 탑재한 DE M-SHORAD라는 대공 방어 장비를 납품받을 예정이다. 2022년 9월에는 록히드 마틴으로

△ 미국 육군이 저고도 대공 방어용으로 개발한 DE M-SHORAD 레이저 무기[9]

부터 기지 보호를 위한 로켓, 포탄, 박격포탄 방어용 300kW 레이저 IFPC-HEL을 납품받았다.

미국 해군은 함정에 탑재돼 적의 정찰용 광학 장비를 방해할 수 있는 60kW 출력의 헬리오스HELIOS를 테스트 중이다. 또 미국 공군은 지상 근접 화력 지원용 AC-130J 고스트 라이더 건십 항공기에 100kW 출력의 고출력 레이저를 장착할 예정이다.

전투기에 탑재될 자체 방어용 레이저 무기도 개발되고 있다. 미국 공군은 전투기에 가장 큰 위협이 되는 적의 전투기나 지상에서 발사된 미사일을 격추시키기 위해 실드SHiELD 프로그램을 진행하고 있다. 미국 방위 산업체 록히드 마틴은 실드 프로그램을 위해 전술 항공 레이저 무기 시스템TALWS이라는, 전투기 아래에 장착하는 레이저 무기를 개발하고 있다.

이스라엘도 고출력 레이저 개발에 많은 투자를 하고 있다. 이스라

△ 록히드 마틴이 전투기 방어를 위해 개발 중인 TALWS[10)]

엘은 2021년 5월 팔레스타인 무장 정파 하마스의 대규모 로켓 공격을 아이언 돔 미사일 방어 시스템으로 방어하면서 요격체를 사용하는 방어의 한계를 실감했다. 이후 이스라엘은 아이언 빔이라는 100kW 출력의 대공 방어용 고출력 레이저 개발에 속도를 내기 시작했다. 아이언 빔은 2022년 초반 테스트에서 드론, 박격포, 로켓탄, 대전차 미사일 등의 표적을 방어하는 데 성공했다.

이스라엘은 2021년 6월 비행 중인 경비행기에서 고에너지 레이저를 발사해 1km 떨어진 곳에서 비행하던 드론을 격추시키는 테스트를 시행했다. 이스라엘은 이 기술을 발전시켜 대형 드론에도 장착시킴으로써 주변의 위협에 대응할 계획이다.

이외에 독일, 중국, 러시아, 일본, 우리나라 등이 대공 방어나 폭발물 제거 등에 사용할 고출력 레이저 무기를 개발했거나 개발하고 있다. 우리나라는 북한의 무인기 위협에 대응할 레이저 무기를 개발하고 있으며 2024년부터 배치를 시작할 예정이다.

# 전자기 펄스

## 핵폭발 없이 만들 수 있는 전자 공격 수단

HEL은 고출력 레이저를 사용해 표적의 표면을 태워버리는 방식의 하드 킬 수단으로, 드론, 미사일, 적의 차량 등을 막는 동시에 사람에 대한 공격도 가능하다. 이에 사람의 몸에 피해를 주지 않으면서도 전자 장비 내부의 회로를 망가뜨려 무력화시킬 수 있는 비살상 지향성 에너지 무기인 전자기 펄스EMP와 고출력 마이크로파HPM 무기가 주목받고 있다.

### 핵무기 시험으로 발견된 EMP

비살상 지향성 에너지 무기 가운데 먼저 개발된 것은 EMP 무기다. EMP는 태양의 흑점 폭발로 발생하는 전자기파처럼 전자 장비에 영향을 미친다. EMP가 전자 기기에 미치는 영향은 핵 실험을 통해서 밝혀졌다. 1962년 미국은 태평양 상공 고도 400km에서 핵폭탄 기폭 실험을 실시했는데, 1,445km 떨어진 하와이에서 가로등이 꺼지고 전자 장비가 고장 나는 일이 발생했다. 심지어 더 멀리 떨어진 호주에서도 무선 통신이 지장을 받았다.

핵폭발 시 발생하는 감마선에 의해 대기 중의 원자가 이온화되면 강력한 전자기 폭풍이 일어나며 EMP가 형성된다. 이렇게 핵폭발로 인해 발생하는 EMP를 핵 EMP라고 한다. 과거에는 열, 폭풍, 방사능 등을 핵폭발에 따라오는 부수적인 효과로 봤다. 그런데 이런 효과들이 지상에 영향을 미치지 않는 높은 고도에서 핵폭탄이 폭발할 시에도 지상은 EMP에 의해 큰 피해를 보는 것으로 알려졌다.

우리나라의 국방 과학 연구소에 의하면, 북한이 고도 60~70km에서 핵무기를 폭발시키면 우리나라 전역이 EMP의 영향을 받고, 고도 400km에서 폭발시키면 바다 건너 미국 본토까지 영향을 받는다.

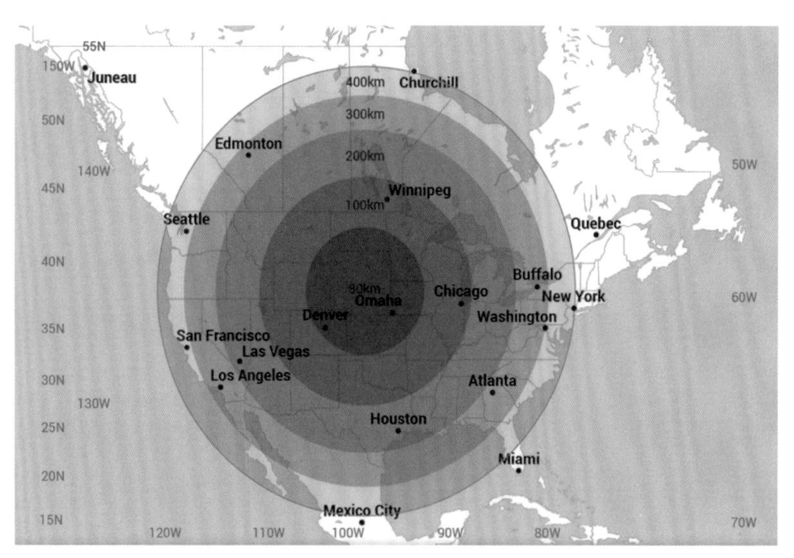


△ 미국 중심부의 고도 30km에서 핵폭탄이 터지면 대부분이 EMP의 영향을 받는다.[11]

이와 같은 강력한 효과는 핵무기를 사용할 경우에만 가능하다. 따라서 핵무기를 보유한 국가 한정으로 EMP를 만들 수 있다는 점에서 EMP가 군사적으로 확산될 가능성은 매우 낮다고 할 수 있다.

## 비핵 EMP - 핵폭발 없이 만들어내는 소규모 EMP

핵 EMP는 아주 광범위하게 영향을 미치지만 핵무기를 사용해야 한다는 한계가 있다. 반면에, 핵무기가 없어도 EMP를 만들어낼 수 있는데, 이를 비핵 EMP라고 한다. 비핵 EMP는 1970년대 미국과 구소련에서 연구되기 시작했다.

비핵 EMP는 화약 폭발로 생성되는 자장을 압축시켜 높은 출력의 EMP를 발생시키고, 다시 극초단파 전자기 펄스 에너지로 변환시킨 후 외부로 방출한다. 핵폭발에 비해 에너지가 작아 적은 규모의 전자기파가 나오는데, 아군에게 피해를 입힐 가능성이 있어 멀리 떨어진 적에 대해서만 사용이 가능하다. 비핵 EMP는 항공기에서 투하하는 폭탄이나 원거리 공격용 미사일의 형태로 만들어지고 있다. 무엇보다 핵을 사용하지 않으므로 상대방의 핵 보복 위험을 피할 수 있다.

비핵 EMP 무기에 사용되는 전자기 스펙트럼은 통신 장비, 항법장치 및 레이더가 사용하는 100MHz～35GHz의 마이크로파 대역으로, 이 범위 내에서는 대기 속의 습기로 인한 신호 감쇄 현상이 크지 않다. 방출되는 EMP 출력은 번개의 100배 이상인 10GW 정도다. 비핵 EMP는 폭약을 사용하기 때문에 일회용이다. 즉, 재사용이 불가능하다.

비핵 EMP 무기를 개발하고 있는 나라에는 미국, 러시아, 중국 등

▷
전차의 안전성 평가를 위해 비핵 EMP 발생기를 이용하는 미국 육군[12)]

이 있다. 개발에 가장 앞선 국가는 미국이며 2010년까지 피해 반경 6.8km급 무기 개발을 마친 것으로 알려졌다. 미국은 2003년 이라크 전쟁에서 EMP 폭탄으로 발전소를 공격해서 마비시킨 적이 있다. 우리나라도 북한의 핵이나 미사일 기지 인근 상공에서 폭발해 미사일 발사나 핵 기폭에 필요한 전자 기기를 무력화시킬 수 있는 비핵 EMP를 개발하고 있다.

# 고출력 마이크로파

## 여러 번 공격이 가능한 전자기파

레이저와 함께 지향성 에너지 무기로 주목받고 있는 것으로 HPM이 있다. 비살상 무기의 일종인 HPM은 0.3~300GHz 대역의 고출력 전자기 펄스를 일정 방향으로 방출한다. HPM에 노출된 전자 기기는 보호 회로가 갖춰져 있지 않으면 회로가 탈 수도 있다.

EMP가 고출력의 전자기 펄스를 짧은 시간 동안 발생시켜 넓은 범위에 영향을 미친다면, HPM은 EMP보다 출력이 낮은 전자기 펄스를 특정 방향으로 오랫동안 또는 계속해서 발생시킬 수 있다. 그리고 탑재하는 플랫폼의 크기가 클수록 발사에 필요한 에너지를 더 많이 발생시킬 수 있어 연속 발사 횟수가 늘어난다.

HPM 무기는 1970년대 들어 전기 에너지를 저장했다가 순간적으로 높은 출력을 내는 펄스 전원 기술과 이를 이용한 고밀도 전자 빔 발생 기술이 등장하면서 가능성이 연구되기 시작했다. 이 분야 연구에서 가장 앞선 것으로 평가받는 미국은, 1980년대 초반 구소련이 먼저 무기 개발에 나선 것으로 판단하고 대응 차원에서 개발 계획을 세웠다. 미국은 2000년대 초반까지 기반 기술을 연구해왔고 초기 단계의 장비에 대한 테스트를 진행했다.

## 순항 미사일형 HPM - 적진의 주요 시설 공격

현재 HPM 무기는 무인 전투기나 순항 미사일에 탑재돼 지상을 공격하거나, 지상에 배치돼 적의 순항 미사일이나 드론 방어용 무기로 무인기를 방어하는 시스템으로 개발되고 있다. 먼저 개발된 것은 적진을 공격하는 HPM 탑재 순항 미사일이다.

2009년 4월 미국 공군 연구소AFRL는 보잉과 챔프CHAMP 개발 계약을 체결했다. 순항 미사일 내부에 HPM 발생기를 탑재한 챔프는 2011년 9월 첫 비행 시험을 완료했고, 2012년 10월 유타주 시험장에서 표적지의 전자 기기들을 파괴했다. 당시 관측용 카메라까지 영향을 받아 작동을 멈췄다는 후문이 돌기도 했다.

챔프 프로그램은 미국 공군과 해군이 공동으로 진행하는 하이젠크HiJENKS 프로그램으로 이어졌다. 챔프는 2019년 미국 공군에서 퇴역한 AGM-86 공중 발사 순항 미사일을 기반으로 하되, 하이젠크는 그보다 작은 미사일에 HPM 공격 능력 통합을 목표로 한다. 더 작은 미사일에 통합되면 폭격기에만 탑재되던 챔프와 달리 미국 공군과 해군의 전투기에도 탑재할 수 있기 때문이다. 미국 공군과 해군은 2022년 8월 캘리포니아주의 차이나 레이크 지역 시험장에서 첫 실사격 시험을 진행했다.

△ 미국 공군과 보잉사가 개발한 챔프 HPM 미사일 CG 이미지[13)]

## 지상형 HPM - 군집 드론 방어

지상군을 위한 방어용 무기도 개발되고 있다. 방어 대상은 최근 부각된 군집 드론이다. 지상용 HPM 무기는 한번에 여러 개의 목표에 대응하기 어려운 레이저와 달리 군집 드론도 쉽게 처리할 수 있다.

미국 공군과 육군은 컨테이너에 통합돼 차량 이동이 가능한 토르THOR라는 HPM 무기를 개발했다. 2022년 2월에는 토르를 발전시킨 묠니르라는 무기의 시제품 개발 계약을 레이도스사와 체결했다. 레이도스는 2024년 2월 말까지 묠니르 시제품을 개발해 납품할 예정이며 이후 실전 배치 여부를 결정하게 된다. 토르와 묠니르는 지상의 고정기지 방어가 목적이다.

기동 부대 방어를 위한 것으로는 미국 육군의 IFPC-HPM 프로그램이 있다. IFPC-HPM 프로그램은 2023년 1월 이피러스사의 레오니다스라는 무기를 시스템 평가 대상으로 선정했다. 레오니다스는

△ **한번에 많은 양의 군집 드론을 방어하기 위해 개발되고 있는 토르 HMP 무기[14)]**

능동 전자 주사 레이더에 사용되는 질화 갈륨 소자를 이용한 이동식 HPM 무기다. 미국 육군은 2025년부터 레오니다스의 부대 배치를 목표로 하고 있다.

일본도 HPM 무기 개발에 나서고 있다. 일본은 2021년 미사일과 드론 방어를 위한 HPM 무기 개발 비용을 정부 예산에 포함시켰다. 언론 보도에 의하면, 개발 착수 후 배치까지 5년 정도가 걸릴 것으로 전망된다. 우리나라도 북한의 드론 공격을 방어하기 위해 HPM 무기를 개발해 배치할 계획이다.

미국, 일본, 그리고 우리나라가 주로 드론 방어에 중점을 둔다면, 중국과 러시아는 인공위성을 마비시킬 수 있는 고출력 HPM을 개발하는 것으로 알려졌다.

드론은 나고르노-카바라흐 전쟁과 우크라이나 전쟁을 통해 정찰부터 공격까지 다양한 임무를 수행하면서 전쟁의 중요한 수단으로 자리 잡았다. 대부분은 드론 하면 무인 비행체를 떠올리지만, 무인 지상 차량과 무인 함선을 포함해 다양한 무인 시스템이 드론으로 언급되고 있다. 현재 드론 기술은 과거에 하나의 드론을 운용하는 것에서 여러 대의 드론이 한 몸이 돼 움직이는 군집 드론으로 발전하고 있다. 뿐만 아니라 유인 시스템과 함께 작전하는 유무인 협력도 중요해지고 있다.★

# 3장

# 무인 시스템 군집 기술과 유무인 협력

# 군집 기술

## 여러 대의 드론이 역할을 분담하면서 협력한다

그동안 대부분의 경우 운영자는 한 대의 드론만 조종했다. 때문에 드론 여러 대를 동원하기 위해 많은 조종 인원이 필요했고 충돌을 방지하기 위한 조율도 필요했다. 그러다 현대에 들어 드론 기술이 발전함으로써 여러 대의 드론을 조종하는 일이 가능해졌다. 이렇게 여러 대의 드론이 무리 지은 것을 군집 드론이라고 한다.

군집은 개미, 벌 등의 곤충류 외에 어류, 포유류 등 자연계에서도 종종 볼 수 있다. 인류가 세운 마을, 도시, 나아가 국가도 일종의 군집이다. 개체 하나로는 할 수 있는 일이 제한되지만 군집을 이룰 경우 각 객체로서 하지 못하는 일이 가능해진다.

### 군집 기술 연구의 시작

군집 드론은 2000년대 초반 미국과 유럽의 군집 로봇 연구에서 시작됐다. 군집 로봇 연구의 목표는 다수의 로봇을 협동 제어해 단일 로봇 이상의 성능을 내는 것이었다. 군집 로봇은 단일 로봇이 하지 못하는 임무를 팀을 이뤄 조직적으로 수행할 수 있을 뿐만 아니라, 각자의 일을 독립적으로 수행하거나 동시에 여러 장소에서 정보를 획득할 수 있다. 일례로, 생존자 수색, 가스 누출 탐지 등의 분야에서 단일 시스템보다 분산 시스템인 군집 로봇이 높은 효과를 거뒀다.

군집 로봇의 핵심은 한번에 많은 로봇을 조종하는 데 있다. 이에 대량의 로봇을 조종하기 위한 기술 개발이 시도됐고, 2010년 이후 로봇 100대 이상을 통제할 수 있는 기술이 개발되기 시작했다.

2011년 하버드대학교의 자가 조직 시스템 연구 그룹은 동전 크기만 한 킬로봇으로 군집 로봇 기술 연구를 시작했다. 처음에 25개의 로봇으로 시작해서 차차 숫자를 늘려나가 1,000개가 넘는 군집 로봇 무리까지 만들어냈다. 하버드대학교의 이 연구는 군집 드론 연구의 기폭제가 됐다.

△ 군집 기술 개발 초기에 만들어진 하버드대학교의 킬로봇[15)]

2016년 1월 미국 라스베이거스에서 열린 국제 가전 박람회CES 2016에서 인텔사의 CEO 브라이언 크르자니크는 '미래에는 축제 현장에서 불꽃놀이가 사라지고 대신 수많은 드론이 밤하늘을 수놓을 것'이라고 예측했다. 그의 예측은 2018년 2월 평창 동계 올림픽에서 인텔이 수많은 드론을 공중에 띄워 오륜기를 만들면서 현실이 됐다. 당시 동원된 드론은 1,218대였는데 한 명의 엔지니어가 이들을 원격 조종했다. 지금은 세계 각지에서 군집 드론을 이용한 드론 쇼를 어렵지 않게 볼 수 있다.

## 군집 기술의 활용

무인 시스템 군집 기술은 자율 주행, 제작, 물류 등 다양한 분야로 확산되고 있으며, 국방에서의 발전도 빠르게 진행되고 있다. 특히 군사에서 군집 로봇 기술은 다양한 분야에서 응용되고 있다.

가장 활발하게 연구되는 분야는 1대의 중대형 무인기 대신 다수의 소형 드론을 활용하는 것이다. 소형 드론은 크기가 작아 대공 방어 시스템을 피하기 쉽고 전술적으로 운용에 유리하다. 소형 드론을 이용한 군집 비행은 정보·감시·정찰, 표적 획득, 분산 광역 감시, 침투 공격, 자폭 등 다양한 임무에 활용이 가능하다. 또한 개발과 도입 가격이 저렴해 대량으로 갖출 수 있다.

해상에서는 민감한 해로를 지나갈 때 함선을 방어하는 무인 수상함, 수중 환경 감시, 대잠수함전을 위한 무인 잠수정 군집 연구가 진행되고 있다. 한편 육상에서는 자율 주행 차량 무리가 함께 주행하는 군집 주행이 연구되고 있다. 자율 주행과 결합한 군집 주행은 수송 임무에 필요한 병력을 줄일 수 있게 해준다.

## 군집 기술을 연구하는 국가

여러 국가들이 군사적 용도의 군집 기술을 연구하고 있지만 가장 많은 프로그램이 공개된 국가는 미국이다. DARPA는 다양한 군집 프로그램을 진행하고 있다. 특히 2015년부터 시작한 정찰, 감시, 통신 등을 위한 탑재물을 여러 대의 무인기에 분산시키고 이 무인기들을 재사용할 수 있도록 공중에서 발진 및 회수하는 그렘린 프로그램이 대표적이다. 그렘린 프로그램에 사용되는 무인기들은 각자 맡은 역할이 다르지만 하나의 무리로 활동하는 군집을 이룬다.

공격용 군집 지원 전술OFFSET 프로그램의 목표는 인구 밀도가 높은 도시 지역에서 활동하며 필요에 따라 정보를 수집하거나 표적을 확보

△ 공격을 비롯해 다양한 임무를 수행할 수 있는 군집 드론[16)]

△ 미국 DARPA의 그렘린 프로그램[17)]

할 수 있는 AI를 탑재한 드론 250대로 군집을 만드는 것이다.

가장 최근에 진행 중인 프로그램은 중국과 러시아 같은 국가들이 펼치고 있는 반접근/지역 거부A2/AD를 극복하기 위한 군집 드론 지휘 통제 시스템을 개발하는 자율 다영역 적응형 복합 군집 체계AMASS다. AMASS는 무인 플랫폼이 A2/AD 환경에서 지속적인 통신 없이 독립적으로 작동할 수 있도록 만드는 것이 목표다. 그리고 다양한 무인 항공, 지상 및 해상 플랫폼을 포함하는, 효과적이면서 비용 면에서도 효율적인 A2/AD 대응 능력을 구축할 계획이다.

이외에 미국 육군의 무인 호송 차량을 이용한 군집 주행 기술, 미국 공군의 순항 미사일 다수가 적의 통합 방공망을 돌파할 수 있도록 네트워크로 연결되는 그레이 울프 프로그램 등이 있다.

중국도 군집 기술에 많은 투자를 하고 있다. 2017년 7월 중국 국방부는 무인 수송 차량들이 장애물을 탐색하고 속도를 조절하는 영상을 공개했다(단, 장소는 공개되지 않았다). 이는 미국 육군이 개발한 무인 차량을 사용한 군집 주행 기술과 유사하다. 2018년 5월에는 무인 보트 56척을 군집으로 운용하는 시험에 성공했다. 무인 보트는 섬과 암초를 피하고 교량 밑을 지나면서 군집 형태를 바꿨다.

그 밖에도 여러 나라에서 다양한 군집 기술이 개발되고 있지만 대규모 군집을 막는 기술은 아직 개발되지 않았다. 우크라이나 전쟁에서 이란이 공급한 자폭 드론은 대량의 무인 시스템이 방공망을 압도할 경우 어떤 일이 발생할 수 있는지 보여줬다. 군집 기술은 정찰이나 자폭 공격 외에 전자전 등 다양한 임무를 수행할 수 있는 잠재력을 가진다. 이에 더 앞선 군집 기술 능력을 보유하기 위한 선진국들의 경쟁이 치열해지고 있다.

# 유무인 협력

## 유무인 시스템의 협력으로 시너지 효과 증대

드론을 포함한 무인 시스템은 대부분 단독으로 운용됐다. 수집된 정보도 조종 콘솔 등을 거친 후 전달되는 형태로 상급 부대에 전달됐다. 즉, 단순히 운용자에 의해 조작되는 시스템의 형태였다.

이제는 드론을 포함한 무인 시스템이 다른 유인 시스템 또는 병력들과 협력하는 유무인 협력MUM-T으로 발전하고 있다. MUM-T는 단순히 무인 시스템을 유인 시스템 또는 병력에 할당해 운용하는 것이 아니다. 유인과 무인 시스템 또는 플랫폼의 고유한 장점을 결합해 시너지 효과를 내는 것을 목표로 한다.

MUM-T에 사용되는 무인 시스템은 플랫폼에서 사람을 제거하면서 생긴 이점을 살려 속도, 기동성, 체공 시간의 제약을 줄였다. 여기에 첨단 컴퓨터와 빅 데이터, AI, 사이버 등 다양한 관련 시스템에서 파생된 이점을 활용할 수 있다.

MUM-T를 위해서는 기술적으로 안정된 무인 시스템과 탑재물,

유인과 무인 시스템을 네트워크로 연결하는 시스템, 단절 없는 데이터 링크가 필수적이다. 함께 작전할 병력들을 위한 새로운 전략과 전술 교육도 필요하다. 그러나 그전에 유인 및 무인 시스템 통합 작전을 위한 교전 규칙 정립 등 정책적 과제가 우선적으로 해결돼야 한다. 먼저 MUM-T 도입에 나선 미국 국방부는 이런 문제들을 오래전부터 고민해왔다.

MUM-T는 미국 국방부가 1990년대 후반부터 유인 및 무인 시스템을 협력시킬 방법을 모색하면서 연구되기 시작했다. 처음에는 기술 부족으로 구체적인 성과를 내지 못하다가, 2000년대 초반 정찰용 드론 개발과 배치가 군 항공 부서로 이관되면서 항공 작전에 드론을 통합하려는 시도가 이뤄졌다. 다양한 드론을 사용해온 미국 육군은 2010년부터 MUM-T에 대한 연구를 활발하게 진행하고 있다.

MUM-T는 데이터 연결, 제어 등 몇 가지 중요 요소에 따라 자율주행처럼 레벨이 나눠진다. NATO는 1998년 드론 시스템의 상호 운용성을 위해 STANAG 4586이라는 표준을 마련했다. 이는 상호 운용성 수준에 따라 MUM-T를 다섯 가지 레벨로 구분한 것이다. 가장 높은 레벨5는 이착륙을 포함해 드론의 모든 동작을 유인 시스템에서 제어하고 모니터링하는 것으로, 아직 이 수준에 이른 MUM-T는 개발되지 않았다.

## 다양한 MUM-T 사례

다양한 MUM-T 개발 사례가 이어지는 가운데, 가장 적극적인 미국 육군은 AH-64E 아파치 가디언 공격 헬기를 위한 MUM-T를 개발하고 있다. 미국 육군은 방산 회사들과 협력해 작전을 함께 수행하는 드론에 수집된 데이터를 AH-64E 공격 헬기로 전송 및 전달하며 높은 수준의 상호 운용성을 부여했다.

2013년 캘리포니아주 포트 어윈의 국가 시험 센터에서 실시된 MUM-T 운용 시험에서 MQ-1C 그레이 이글 드론은 100km 넘게 떨어진 AH-64E 공격 헬기에 영상을 전송했다. AH-64E 공격 헬기 조종사는 그레이 이글이 보내온 실시간 영상을 사용해 자리를 떠나지 않고도 지상에 있는 포병의 협조를 받아 식별된 표적을 파괴할 수 있었다.

미국 육군은 지상군을 위한 MUM-T도 테스트 중이다. 2016년 7월에는 하와이에서 태평양 유무인 구상이라는 훈련을 통해 중대급 부대를 위한 MUM-T 요소를 시험했다. 이 훈련에서 미국 육군은 RQ-11 레이븐 드론과 코브라 710 소형 지상 로봇을 사용했다.

2017년 8월에는 M-1A2 전차와 M577 지휘 장갑차가 무인 체계

△ AH-64 공격 헬기와 MQ-1C 드론[18]

▷
드론이 입수한 정보를 공격 헬기가 지상으로 전달하는 미국 육군의 MUM-T 개념[19]

를 통제하는 지휘소 역할을 하는 전투 시험을 진행했다. 시험 동안 반자율 MRZR 전지형 차량과 전선으로 연결된 호버플라이 드론이 정찰을 수행했고, 무인 험비 차량이 유인 험비 차량에 앞서 이동해 적의 위치를 탐지했다. 적의 위치가 탐지되면 다른 무인 험비 전술 차량에 탑재된 직사와 곡사가 모두 가능한 81mm 박격포가 공격을 실시했다.

미국 육군은 이런 시험들을 거쳐 무인 로봇 전투 차량RCV이 도입되면 유인 장갑차에서 이들을 통제해 MUM-T 전투팀을 만들고 배치할 계획이다. RCV는 크기에 따라 경무장 또는 비무장인 중량 10톤 미만의 경량 RCV-L, 기관포로 무장하는 중량 10~15톤 정도의 중형 RCV-M, 포로 무장하는 중량 27~30톤 정도의 대형 RCV-H로 구분된다. 2023년 4월 기준으로 RCV-H를 제외한 RCV-L과 RCV-M 사업이 진행되고 있다.

미국과 경쟁하는 중국도 MUM-T를 군사적으로 이용하기 위해 노력하고 있다. 2020년 11월 중국 매체는 중국 육군 항공대 소속 공격 헬기들이 드론이 보내온 정보를 활용해 공대지 미사일을 발사하는 훈련을 했다고 보도했다.

공격 헬기는 탑재된 센서를 사용해 표적을 확인하고 공격한다. 그런데 안개가 끼는 등 센서의 능력이 제한되는 상황에서는 미사일의 최대 사거리를 활용할 수 없다. 이럴 때 드론과 공격 헬기가 짝을 이루면 드론이 공격 헬기 조종사의 눈 역할을 대신할 수 있다.

우리나라도 실전 배치 예정인 LAH 무장 헬기에서 드론을 이용한 MUM-T를 적용하기 위해 관련 기술을 개발하고 있다.

MUM-T는 단순히 무인 시스템을 결합하는 데서 그치지 않으며, 군집 능력과 결합되면 엄청난 전력 상승 효과를 가져온다. MUM-T 기술을 보유한 군대는 적은 병력으로 해당 기술을 보유하지 않은 더 큰 규모의 군대를 상대할 수 있게 된다.

# 대드론 시스템

## 창을 막는 방패도 발전한다

무인 시스템 군집과 MUM-T의 발전은 무인 시스템의 활용성을 한층 높여 치명적인 게임 체인저로 만들 것이 분명하다. 다만 역사적으로 봤을 때 공격 능력이 발전해온 만큼 방어 능력도 발전해왔다. 무인 시스템, 특히 드론이 창이라면 대드론C-UAS 시스템은 방패라고 할 수 있다.

세계 여러 나라가 드론 사용을 늘려가는 동시에, 잠재적인 적들의 드론을 막아줄 대드론 시스템의 개발 도입도 진행하고 있다. 앞서 소개한 지향성 에너지 무기의 고출력 레이저 무기와 토르, 묠니르 같은 HPM 무기들은 드론 방어가 중요한 임무로 설정돼 있다.

이 밖에도 미국 육군은 대공 방어에 드론 방어를 포함시켜 단계적인 방어를 추진하고 있으며, 현재 구할 수 있는 여러 장비를 조합해서 드론을 탐지하고 식별하고 무력화시킬 수 있는 체계를 만들어 도입하고 있다.

대드론 시스템은 전파를 사용해 드론을 무력화시키는 소프트 킬과 레이저나 기관포 등으로 드론을 파괴하는 하드 킬 능력이 균형 있게 발전될 것이며, 대규모 군집 드론에 대응하기 위한 HPM 무기가 도입되는 등 복합 방어 체계로 발전하게 될 것이다. 또한 드론 탐지와 식별에 필수적인 레이더, 전파 탐지기, 광학 장비도 더불어 발전할 것으로 전망된다.

인공 지능AI은 인간의 인지·추론·판단 등의 능력을 컴퓨터로 구현하기 위한 기술 혹은 연구 분야를 통틀어 칭하는 용어다. 대중들은 AI라고 하면 퀴즈 쇼에서 활약한 IBM의 AI 왓슨, 체스에서 세계 챔피언을 이긴 IBM의 딥 블루, 바둑에서 세계적인 고수들을 이긴 구글 딥 마인드의 알파고를 떠올리거나, 먼 미래의 일로 생각하는 경향이 있다.

그러나 테슬라 같은 최신형 자동차의 자율 주행 기능, 애플의 시리나 삼성의 빅스비 같은 음성 인식 서비스, 뜨거운 반응을 얻고 있는 '챗GPT'라는 생성형 AI 서비스까지 우리가 인식하지 못하는 사이에 다양한 AI가 생활에 깊숙이 뿌리내리고 있다.

군사 분야의 AI는 더욱 폭넓게 사용된다. AI의 군사적 이용을 언급할 때 많은 이들이 영화 '터미네이터'에 등장하는 킬러 로봇을 떠올린다. 단, 현실은 아직 그 수준까지 미치지 못했고 인간의 통제를 받지 않는 AI 무기 개발은 금지되고 있다. 지금, 그리고 앞으로 군사 분야에서 AI가 어떻게 사용될지 알아보자.★

# 4장

# 인공 지능

# AI와 군사 분야

다양한 민간 분야에서 AI가 사용되듯, 군사 분야에서도 AI가 여러 방면으로 쓰이고 있다. 군사 분야에서 AI를 사용하는 이유는 전쟁에서 승리하려는 목적도 있지만 전쟁을 미연에 방지하기 위해서이기도 하다. 상대의 움직임을 사전에 파악하고 대응할 경우 상대는 다음 행동에 돌입하기 어려워진다.

AI를 군사 분야에서 도입하면 얻을 수 있는 장점들이 있다. 이 가운데 몇 가지를 꼽자면, 1) 사람에 비해 신속한 의사 결정을 내릴 수 있고 2) 다양한 수단을 통해 수집된 빅 데이터를 활용해 판단할 수 있고 3) 복잡한 환경에서 정밀하게 목표를 설정하거나 상황을 판단할 수 있고 4) 작전 지휘부가 명확한 의사 결정을 할 수 있도록 지원할 수 있고 5) 효율성을 극대화시켜 예산 낭비를 막을 수 있다.

물론 장점이 있다면 단점도 있다. 1) 역동적인 전장에서 설정된 알고리즘을 벗어난 상황이 생길 경우 대처할 수 없고 2) 적군과 민간인

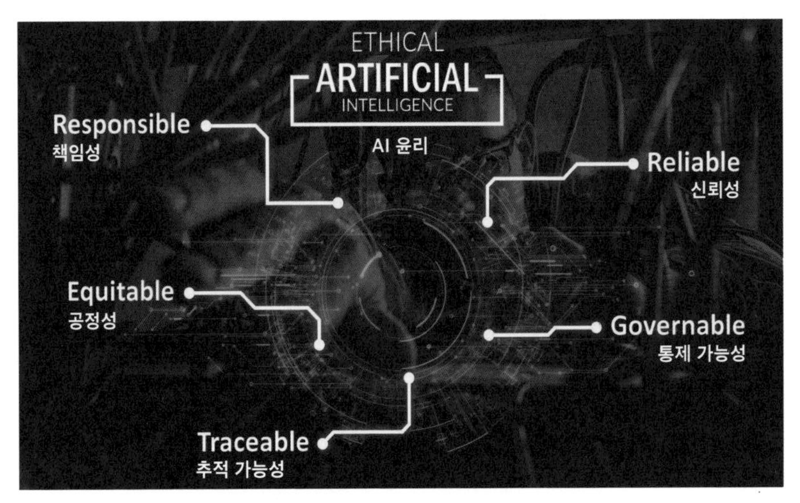


△ 군사 분야에서의 AI 활용은 많은 이점이 있지만 남용을 막기 위한 제약도 필요하다.[20]

의 구분이 모호한 상황에서 명확한 피아彼我 구분이 되지 않아 피해가 발생할 가능성이 있고 3) 의사 결정자가 AI에 과도하게 의존할 경우 군인으로서의 능력이 저하될 수 있다.

## AI 활용 분야

AI가 지닌 단점에도 불구하고 앞으로 군사 분야에서의 AI 활용 폭은 점점 넓어질 것이다. AI가 활약하고 있는 군사 분야에는 어떤 것들이 있을까?

첫째, 정보·감시·정찰이다. 드론이나 위성 등 다양한 수단을 통해 입수되는 많은 양의 정보를 인간의 눈으로 일일이 식별하려면 많은 인력과 시간이 필요하다. AI는 수집된 사진이나 영상을 인식해 표적을 정확하게 식별할 수 있고, 정보를 바탕으로 적의 움직임을 예측할 수 있다.

둘째, 군수 분야다. 군대는 많은 장비와 무기를 사용하기 때문에 반드시 정비가 필요하다. AI로 장비의 상태를 확인하고 미래의 정비 소요를 예측하면 정비용 부품을 과도하게 쌓아둘 필요가 없어져 예산을 절감할 수 있다.

셋째, 지휘 통제다. 미국을 포함해 많은 나라의 군대가 공중, 우주, 사이버 공간, 해상, 지상에서 작전을 벌이는 다영역 작전을 준비하면서 이에 따라 지휘 통제 체계가 처리해야 할 군대와 작전의 규모 역시 커지고 있다. 이런 상황에서 AI를 사용하면 중복을 제거하고 정확한 상황을 실시간으로 하나의 화면에 표시할 수 있다.

넷째, 운송 시스템의 자율화다. 앞서 설명한 무인화된 지상 전투 차량, 유인 전투기와 함께할 충성스러운 윙맨이라는 무인 전투기, 로봇 전투 차량, 무인 함선 등은 반드시 AI가 필요하다. AI는 각 플랫폼의 센서를 통해 장애물을 파악하고 지시받은 위치로 가기 위해 항법 시스템을 활용해야 하며, 주변의 아군 선박과 데이터를 주고받으면서 움직여야 한다.

다섯째, 자율형 무기다. 킬러 로봇 또는 '치명적 자율 무기 시스템 LAWS'으로 불리는 자율형 무기는 사람의 통제 없이 센서와 알고리즘을 이용해 표적을 식별하고 무기로 표적과 교전, 타격하는 것으로, AI 활용의 궁극적인 목표라고 할 수 있다. 하지만 아직 AI 기술이 모든 상황을 예측하는 수준에 이르지 못했고 윤리적 문제가 제기되고 있어 완전 자율형 무기를 개발하는 일은 국제적인 반발을 불러일으킬 여지가 있다.

△ 복잡한 미래 전장에서 AI의 피아 구분은 필수다.[21]

## 자율형 무기 개발에 대한 우려

자율형 무기 개발에 대해서는 크게 반대하는 쪽과 금지가 아닌 운영자의 개입을 전제로 허용하는 쪽으로 나눠진다. 유럽과 중국 등 자율형 무기 개발에 반대하는 나라들은 UN의 '특정 재래식 무기 금지 협약'으로 자율형 무기 개발의 규제를 추진하고 있다. 2020년 12월 EU의 유럽 의회는, AI가 군사 작전에서 인간의 의사 결정을 대체할 수 없으며 LAWS에 대한 인간의 통제를 벗어나는 배치는 국제적으로 금지돼야 한다고 밝혔다.

반면에, 미국은 자율형 무기를 금지하는 대신 개발 지침 등을 통해 제한적으로 허용할 것을 주장한다. 미국은 잘못된 알고리즘의 위험보다 공식적인 조약이 생명을 구하는 군사 기술의 합법적인 적용을 방해할 수 있다는 데 초점을 둔다. 이런 이유로 미국은 구속력 있는 국제 조약 대신 '모범 사례와 원칙 제시' 같은 구속력 없는 방식을 주장한다.

살상 능력을 갖춘 LAWS에 관해서는 국제 사회에서 의견이 갈린다. 그럼에도 여러 국가들이 군사 용도의 AI 개발에 많은 투자를 하고 있다. 우리나라 역시 국방부가 국방 개혁 2.0을 통해 AI 도입을 명문화했다. 또한 지능형 플랫폼 구축, 전장 인식 서비스 개발 등 국방 분야에서도 AI를 활용한 미래 무기 전략 개발에 박차를 가하고 있다.

# AI의 군사적 이용

AI가 군사 분야에서 사용되는 대표적인 사례들을 소개한다. 여기에 소개된 것 외에도 다양한 AI 적용 사례가 있으며 앞으로 더 다양한 사례가 나올 것이다. 미래 군사 작전은 AI의 지원을 얼마나 잘 받는지에 따라 승패가 갈릴 것으로 예측된다. 그리고 AI 연구와 적용은 다양한 센서를 어떻게 활용하는지, 얼마나 강력한 컴퓨터와 네트워크 능력을 갖추는지에 따라 달라질 것이다.

## 사진 분석

인공위성은 평상시에 상대방 영공을 침범하지 않고도 정보를 수집할 수 있어 여러 국가가 정찰용으로 사용한다. 그런데 인공위성은 정해진 궤도가 있어 상대방의 위성이 언제 중요한 군사 자산 위를 지날지 예측할 수 있다. 이런 정찰 위성을 속이기 위해 진짜처럼 만든 가짜를

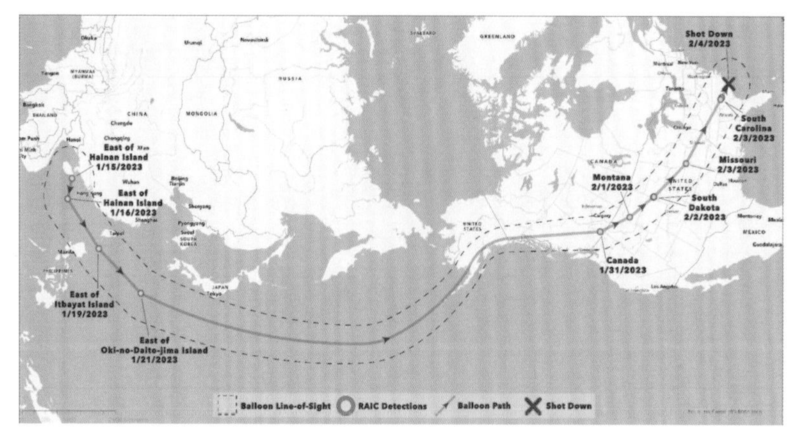


△ 미국 신테틱사가 추적한
중국 성층권 풍선 경로[22)]

전시하거나 위치를 숨기기 위해 지하에 시설을 짓기도 한다.

하지만 촬영된 사진을 AI로 분석하면 숨겨진 핵 시설, 미사일 기지 같은 비밀 시설을 찾아낼 수 있다. 미국은 2010년대 초반부터 중국이 숨겨놓은 미사일 기지를 찾기 위해 AI를 훈련시켰고 성과를 내고 있다. 이 기술을 응용해 북한의 이동식 미사일 발사대를 자동으로 찾는 연구도 진행했다. 2023년 4월에는 미국의 신테틱Synthetic사가 위성 사진 속의 대형 물체를 빠르게 찾을 수 있는 AI 도구를 개발했다고 발표했다. 이 회사는 자사의 AI 도구로 중국이 보낸 성층권 풍선의 출발 지점을 찾아냈다고 주장했다.

이와 같은 사진 분석 기술은 일선 부대에서도 쓰일 수 있다. 전선의 군부대는 적이 어떤 장비를 동원했는지 알기 어려운 경우가 많다. 이 기술을 활용하면 촬영된 사진 속 적의 장비가 어떤 것인지 자동으로 식별할 수 있어 대응 전력을 마련하는 데 도움을 줄 수 있다.

## 자율 비행 기술

AI를 움직이는 플랫폼에 적용하는 가장 대표적인 방법은 자율 주행 또는 비행이다. 일반적으로 드론은 원격으로 조종되거나 입력된 경로를 따라 비행하지만, 중간에 다른 비행체 등 장애물이 있을 경우 피할 수 없어 추락할 위험이 있다.

한편, 새로운 무인 플랫폼을 구축하는 대신 기존 유인 플랫폼에 AI를 적용하려는 노력도 진행되고 있다. 미국 DARPA는 '전투 항공 진화ACE' 프로그램을 통해 AI 조종사를 만들고 있다. 2020년 8월 ACE 프로그램은 시뮬레이션 대결에서 인간 조종사를 이겼다. DARPA는 ACE 프로그램을 실제 항공기에 적용해 인간 조종사를 지원할 수 있는지 실험할 예정이다.

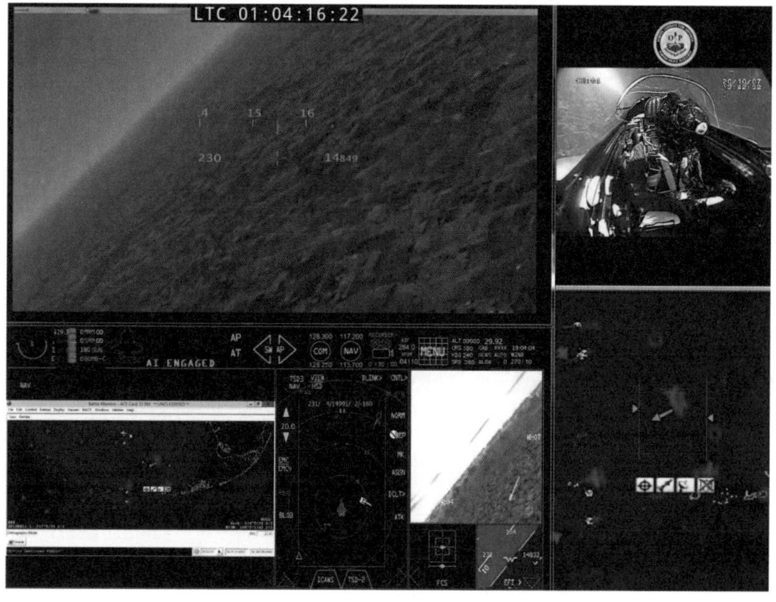


△ DARPA의 ACE 프로그램은 인간 조종사를 지원해주는 신뢰도 높은 AI 조종사 개발을 목표로 하고 있다.[23]

미국 공군은 실제 전투에 사용될 무인 전투기인 충성스러운 윙맨에 필요한 AI 기반 시스템을 개발하기 위해 스카이보그Skyborg 프로그램을 진행하고 있다. 미국 공군은 드론 제작사인 크라토스가 개발한 XQ-58 발키리Valkyrie라는 무인 전투기로 기술을 평가했고, 2022년 말부터는 제너럴 아토믹스 에어로노티컬 시스템스의 어벤저Avenger 드론을 사용해 평가하고 있다. 충성스러운 윙맨은 레이더와 미사일이 탑재돼 유인 전투기보다 앞서 비행하는 센서 및 슈터로 만들어질 것이다.

## AI 지원 지휘 통제

지휘 통제에 AI를 도입하기 위해 노력하는 국가로 이스라엘이 있다. 이스라엘은 주변국보다 적은 인구와 군대를 극복하기 위해 첨단 기술로 상대방을 능가하려는 전략을 시행 중이다. 이에 오래전부터 지휘 통제 시스템의 현대화에 대규모 투자를 하고 있으며, 2020년 AI가 적용된 첨단 지휘 통제 시스템인 라파엘의 파이어 위버Fire Weaver를 도입했다.

파이어 위버는 네트워크로 연결된 탐지 및 정밀 타격 시스템이다. 전선에 나가 있는 부대와 멀리 떨어진 지휘부를 네트워크로 연결하고, 전선 부대가 보내온 정보를 바탕으로 표적을 타격할 적합한 타격 체계를 선정하도록 도와준다. 모든 과정은 실시간으로 이뤄지며, 지상군의 화포는 물론 하늘의 무장 드론이나 전투기도 연결해 가장 적절한 타격 수단으로 빠르게 표적을 처리할 수 있다.

2020년 2월 독일 연방군은 빠르게 변하는 전장을 지원하기 위한

△ 표적의 종류를 자동으로 분류하고 가장 효율적인 타격 수단을 지휘관에게 조언하는 파이어 위버 지휘 통제 시스템[24)]

유리 전장(투명한 전장) 연구를 위해 파이어 위버를 도입하기로 했다. 미국 육군도 복잡한 시가전 환경에서 효율적인 센서 투 슈터 체계에 대한 정보를 얻기 위해 대규모 전투 시험에서 파이어 위버를 평가했다.

지금까지 전쟁의 판세를 바꿀 수 있는 게임 체인저가 될 기술들을 소개했다. 앞에 소개한 것 외에 양자 기술도 미래의 잠재적인 게임 체인저로 손꼽히고 있다.

우크라이나 전쟁에서 드론을 포함해 다양한 무기들이 게임 체인저로 불리고 있으나 이들이 앞으로도 쭉 게임 체인저로 남을지는 미지수다. 다만 여기서 소개한 기술들을 개발한 국가는 손에 꼽을 정도이기에 가진 자와 못 가진 자의 격차가 크게 벌어지리라는 점은 분명하다.

물론 앞서 나열한 게임 체인저들도 언젠가 전차와 전투기처럼 누구나 도입할 수 있는 무기 체계로 자리 잡게 될 날이 올 것이다. 그때를 대비해 미래 전장의 새로운 게임 체인저를 발굴하고 발전시켜야 한다.

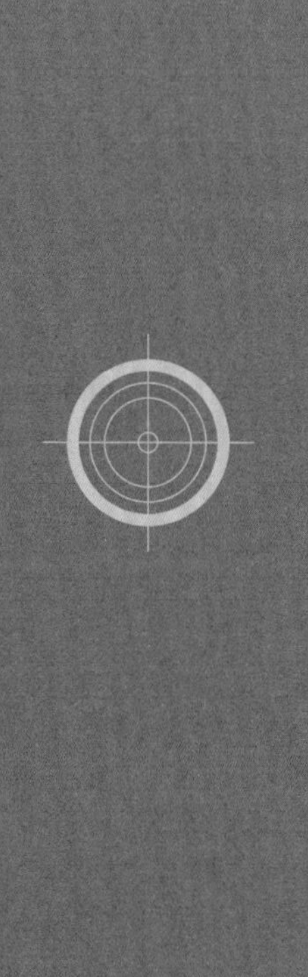

# 4부. 현대전과 미래전을 이해하기 위해 알아두면 좋은 용어

무기는 전쟁을 위해 사용되는 도구다. 무기를 어떻게 사용하느냐는 전략과 전술이 결정한다. 군사학에서 유래한 전략과 전술이라는 용어는 기업 등지에서도 많이 사용하고 있다. 사전적 의미에서 전략은 전쟁을 전반적으로 이끌어가는 방법이나 책략을 말하며, 전술은 전쟁 또는 전투 상황에 대처하기 위한 기술과 방법으로 전략의 하위 개념이다.

전략과 전술은 하나만 존재하지 않는다. 목표를 이루는 데는 다양한 전략과 전술이 있으며, 새로운 기술과 결합한 새로운 전략과 전술이 끊임없이 생성되고 있다. 최근 여러 매체에 언급되고 있지만 어떤 내용인지 알기 어려웠던 전략과 전술 관련 용어 몇 가지를 소개한다.

앞으로 전쟁과 관련된 환경은 변화를 거듭할 것이고, 이에 따라 새로운 전략과 용어가 등장할 것이다. 이런 새로운 전략과 용어가 미래의 삶에 어떤 영향을 줄지 알 수 없지만 이들을 알아두면 세계 정세의 흐름을 읽는 데 도움이 될 것이다.

세상에는 경계가 분명한 여러 가지 상태가 존재하는 반면, 경계를 알 수 없는 모호한 상태나 상황도 존재한다. 이를 '회색 지대Gray Zone'라고 부른다. 전략 가운데 자신의 의도를 드러내지 않고 점진적인 방식으로 안보 목표를 성취하려는 전략적 행위를 '회색 지대 전략'이라고 한다. 회색 지대 전략은 전쟁에 이르기 전에 수행되므로 진행 중임을 인식하기 어렵다. 우리 주변에서도 다양하게 진행되고 있는 회색 지대 전략에 대해 알아보자.★

# 1장

# 회색 지대 전략

# 전쟁을 통하지 않은 안보 이익 달성 수단

미국의 국제 전략 문제 연구소CSIS는 회색 지대 전략을 '상당한 규모의 직접적인 무력 사용에 의존하지 않고 스스로의 안보 목표를 달성하기 위해 꾸준한 억제와 보장을 넘어서는 (일련의) 노력'으로 정의하고 있다. 그리고 회색 지대 전략에 참여하는 행위자는 전쟁을 초래하는 문턱을 넘지 않으려 한다고 봤다.

반대로, 한 나라가 다른 나라에 무력을 사용해 자신의 안보 목표를 달성하려는 것은 전쟁이다. 전쟁은 두 차례의 세계 대전에서 봤듯 전쟁 당사국 사이의 문제에서 끝나지 않고 동맹국에 영향을 주므로 교전 당사국이 늘어날 수 있다. 최근에는 이렇게 위험성이 큰 전쟁을 통하지 않고 원하는 목적을 달성하기 위해 장기적으로 비군사적인 방법을 동원하는 회색 지대 전략을 사용하는 국가가 늘고 있다.

회색 지대 전략의 특징은 점진적이고 애매모호하다는 것이다. 점진적이라는 것은 전략을 수행하는 국가가 상대의 대응을 지켜보면서

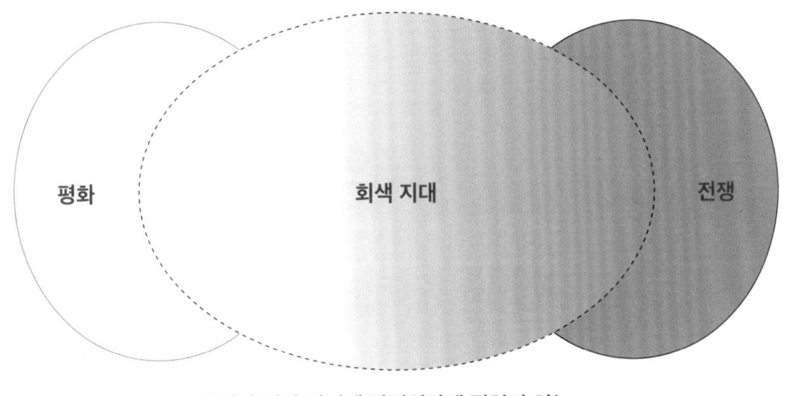


△ 전쟁과 평화 사이에 광범위하게 펼쳐져 있는 회색 지대[1)]

낮은 단계에서 행동을 시작해 점차 높은 단계로 상승한다는 의미다. 애매모호함은 상대방이 전략을 수행하는 국가의 동기와 의도를 확신할 수 없게 만드는 것을 말한다.

회색 지대 전략을 수행하는 측은 상대가 전략의 의도와 동기를 알 수 없도록 안건을 가능한 한 잘게 쪼갠다. 이를 '살라미 전술'이라고 한다. 살라미라는 이름은 아주 얇게 썰어 먹는 이탈리아의 건조 소시지에서 따왔다. 살라미 전술은 단계적, 점진적인 변화를 통해 상대가 인식하지 못하도록 기만하면서 목적을 달성하는 것이다. 상대방이 이 전술의 의도나 목적을 간파했다 할지라도 이에 대한 사전 대응책이 없을 경우 알면서도 당할 수밖에 없다.

# 중국의 회색 지대 전략

중국은 인접한 동중국해와 남중국해는 물론, 세계 곳곳에서 회색 지대 전략을 통해 자국이 설정한 목표를 달성하려고 한다. 중국의 회색 지대 전략은 군사력을 동원한 전쟁 같은 무력 충돌의 형태로 일어나지 않다 보니 대중들에게 잘 알려지지 않았다.

중국은 자신들의 회색 지대 전략을 미디어전·여론전·법률전을 의미하는 '삼전Three Warfare'으로 표현한다. 미디어전과 여론전으로 상대국 여론을 중국에 유리하게 조작해 통제하고, 심리전으로 상대국 정부와 일반 대중의 의지를 무력화시키며, 법률전으로 상대국 정부와 개인의 행동을 제약하고 있다.

중국의 회색 지대 전략의 초기 목표는 대만이었지만, 차츰 남중국해와 동중국해 일대에 대한 해상 영유권 주장으로 그 대상이 넓어졌다. 최근에는 미국 상공에서 발견된 고고도 정찰 풍선에서 알 수 있듯 전 세계를 대상으로 하고 있다.

중국은 개혁 개방 이후 급속한 경제 발전을 이뤘고, 이와 같은 경제력을 발판으로 국제적인 영향력을 확대해나가고 있다. 자국의 안보 이익을 극대화하는 과정에서 미국과 패권 경쟁을 벌이고 있으나, 아직 미국에 직접적인 군사적 도전을 할 역량은 갖추지 못했다. 이런 실정을 극복하기 위해 우회적인 수단으로 회색 지대 전략을 사용하는 것이다.

중국의 회색 지대 전략은 전쟁을 '개념(전시와 평시), 수단과 방법(군사와 민간), 전쟁과 공격의 대상, 금기, 제도, 윤리와 도덕 등 모든 경계와 한계를 뛰어넘는 무제한 행위'로 규정한 '초한전Unrestricted Warfare'의 일환이다.

초한전은 1999년 차오량과 왕샹수라는 두 중국군 장교가 발간한 책의 제목에서 유래했다.[2] 이들은 1991년 걸프전, 1995~1996년 3차 대만 해협 위기를 통해 미국의 군사력을 체감했고 전통적인 방식으로는 중국이 미국을 이길 수 없다는 결론을 내렸다. 또 전쟁이 반드시 대규모 무력과 인명 피해를 동반할 필요는 없으며, 전쟁의 정치적 목적을 달성하기 위한 수단이 반드시 무력일 필요도 없다고 밝혔다. 그러면서 중국은 최첨단 군사력에서 미국보다 우위를 점할 수 없기 때문에 미국에게 승리하기 위해 중국의 특색을 반영한 다른 차원의 전쟁을 전개해야 한다고 주장했다.

# 남중국해와 동중국해에서 벌어지는 회색 지대 전략

중국이 가장 적극적으로 회색 지대 전략을 펼치는 곳은 해상 영유권 주장을 펼치고 있는 남중국해와 동중국해다.

## 일방통행으로 일관된 동중국해 회색 지대 전략

중국과 일본은 동중국해에 위치한 조어도(일본명 센카쿠 열도, 중국명 댜오위다오로 일본 오키나와에서 약 300km, 대만에서 약 200km 떨어진 도서 지역)에 대해 영유권을 주장하면서 대치하고 있다. 2013년 11월 중국이 이 지역을 포함해 일방적으로 선포한 방공 식별 구역은 우리나라에까지 영향을 주고 있다.

방공 식별 구역은 영공 방어를 위해 나라마다 임의로 설정한 구역을 말한다. 다른 나라 항공기가 방공 식별 구역에 진입하려면 사전에 허가를 받아야 한다. 중국이 선포한 방공 식별 구역에는 조어도는 물론, 우리나라의 배타적 경제 수역에 속하는 수중 암초인 이어도가 포함돼 있다. 그럼에도 중국은 우리나라의 항의를 일축하고 오히려 비행 계획을 통보하지 않으면 비행을 금지하겠다고 협박하는 등 일방적인 행보를 고수하고 있다.

중국이 선포한 방공 식별 구역은 영공 방어를 넘어선 것으로, 선포한 지역은 중국이 주장하는 배타적 경제 수역과 거의 일치하며, 일본의 오키나와와 대만으로 이어지는 일명 제1 도련선과도 일치한다. 즉, 중국의 동중국해 방공 식별 구역은 중국의 도련선 전략의 첫 번째 목표를 완성하기 위한 수단이다.

## 도련선 전략 - 중국의 해상 영유권 주장의 근거

1부에서도 간략히 소개했듯, 도련선 전략은 1980년대 초반 중앙 군사위원회의 부주석이자 해군 사령관이었던 류화칭이 작성한 '해군 건설 장기 계획'에서 시작됐다. 류화칭은 1982년 초반 쿠릴 열도-일본 본토-류큐 열도-대만-필리핀-인도네시아 보르네오를 잇는 제1 도련선을 효과적으로 통제하기 위한 전략을 마련하는 것을 시작으로 3단계 전략을 마련했다.

1단계는 2000년까지 제1 도련선을 통제할 수 있는 해군력을 건설하고, 2단계는 2020년까지 일본-보닌 제도-마리아나 제도-괌-캐롤라인 제도를 연결하는 제2 도련선에서 작전할 수 있는 해군력을 건설하는 것이었다. 마지막 3단계는 2050년까지 전 세계로 작전 범위를 확대하는 것이었다. 현재 중국의 도련선 전략은 류화칭의 것과 달라지긴 했지만 미국의 군사력 전개를 막겠다는 목표는 변함없다.

1992년 중국은 남중국해 일대에 대한 영유권을 선언했다. 중국은 고古지도와 역사적 기록을 근거로 남중국해에 있는 9개 환초나 산호초를 연결한 가상의 선인 '남해 9단선'과 그 안쪽 바다를 자국 영토라 주장했다. 중국이 영유권을 주장하는 곳은 남중국해 면적의 90%에 이른다.

이 지역은 인근 동남아시아 국가들이 주장하는 영유권 지역과도 겹쳐 분쟁의 씨앗이 되고 있다. 2016년 7월 네덜란드 헤이그에 있는 국제 상설 중재 재판소가 중국의 9단선 주장에 대해 법적인 근거가 없다는 판결을 내렸다. 그럼에도 중국은 판결에 따르지 않고 이 지역의 산호초와 환초를 인공 섬으로 만들어 군사 시설을 배치했다. 이로 인해 베트남, 필리핀, 인도네시아 등의 주변국과 마찰을 빚고 있다.

## 인공 섬 건설을 통한 남중국해 영유권 전략

중국은 영유권 주장을 관철하기 위해 2013년 말부터 9단선에 있는 여러 환초와 산호초에 인공 섬을 건설했다. 베트남과 분쟁을 겪고 있는 파라셀 군도에 20개, 필리핀, 말레이시아, 브루나이 등과 분쟁을 겪고 있는 스프래틀리 군도에 7개를 건설했다.

인공 섬이 민간 시설이라는 중국의 주장은 전형적인 회색 지대 전략이다. 섬이 될 수 없는 환초와 산호초를 인공 섬으로 만들어 영토 기점이 될 수 있는 섬으로서 법적 지위를 부여하면 자연스럽게 주변 바다에 대한 배타적 경제 수역이 선포된다. 이후 자국 영토를 방어한다는 명분으로 군사력을 배치하면서 그 지역의 영유권을 확보한다. 중국은 이런 과정을 위해 인공 섬에 인력을 상주시키고, 활주로를 건설

△ 중국이 남중국해에 건설한 인공 섬[3)]

해 민간 항공기를 착륙시키는 등 현상의 고착화를 위한 노력을 쏟아붓고 있다. 이 지역에 매장된 석유 같은 천연자원을 노린 게 아닌가 하는 의견도 있으나, 궁극적으로는 미국의 군사력 투사를 막고 이 지역을 통제하려는 도련선 전략의 기반으로 삼기 위해서다.

중국은 남중국해 전역에 해양 영유권을 주장하면서 이 지역을 통과하는 선박과 항공기에 대해 사전에 중국 정부에 통행 사실을 알리고 허락을 받도록 요구하고 있다. 주변 동남아시아 국가들은 반발하면서도 중국과의 경제적 관계를 고려해 직접적인 행동에 나서지 못하는 실정이다. 이들과 달리 미국은 군용 항공기와 함정을 동원해 항행과 비행의 자유를 선언하면서 중국이 영유권을 주장하는 지역을 통과하는 것으로 중국의 회색 지대 전략에 맞대응하고 있다.

## 해상 민병대 - 비군사적 위협 수단

중국이 영유권 주장과 함께 활용하는 수단으로 비군사 조직인 '해상 민병대'가 있다. 해상 민병대는 어민과 상선 승조원이면서 군사 훈련을 받거나 군사적인 지휘 통제의 지시를 받은 사람들을 말한다. 이들은 필요할 경우 어선에 승선해 군을 지원하는 임무를 수행한다. 중국은 1980년대 중반부터 해상 민병대를 적극적으로 활용하기 시작했다.

중국 정부는 남중국해와 동중국해에 접한 저장, 푸저우, 광둥, 하이난 지역의 어민들을 해상 민병대로 활용하고 있다. 이 가운데 하이난은 해상 민병대의 주요 기지로 알려져 있다. 이들은 중국군의 지시를 받아 중국과 충돌하는 국가에 대한 시위에 참가하고, 군 물자를 운반하며, 중국이 영유권을 주장하는 해역이나 심지어 공해상에서도 외국 어선을 쫓아내는 활동을 한다.

중국의 해상 민병대는 배에 중국판 GPS인 베이두, 레이더, 무전기 등을 달고 인근의 중국 해군이나 중국 해안 경비대 함정들과 정보를 주고받는다. 미국 해군은 2016년부터 이들에 대한 단속을 중국 정부에 요구하고 있지만, 중국 정부는 어민들이 햇빛을 가리기 위해 군복을 입은 것이라고 변명하면서 관련성을 부인하고 있다.

그런데 2013년 3월 시진핑이 국가 주석 자리에 오른 지 한 달 후인 4월 해상 민병대를 시찰했다. 당시 중국 신문은 중국 정부가 해상 민병대 참가 선박들에 각종 지원금, 유류비 등을 지급하고 있다고 보도했다. 이 밖에도 중국의 일부 성 정부 홈페이지에 이들이 해상 민병대라는 표식과 함께 군사 훈련을 받는 사진이 올라오는 등 중국 정부의 개입 증거는 차고 넘친다.

해상 민병대는 주변국 어민들만 상대하는 것이 아니다. 미국 해군

△ 2013년 산샤시 해상 민병대 공식 출범식[4)]

의 과학 조사선을 위협하면서 항로를 막고, 베트남의 해상 유전 탐사를 방해하는 등 상대를 가리지 않는다. 하지만 이들이 민간 신분이다 보니 상대 국가가 대응할 수 있는 수단에 한계가 있다.

# 고고도 정찰 풍선

## 미국 본토를 노린 회색 지대 전략

2023년 2월 4일(현지 시각) 미국 동부 사우스캐롤라이나주의 해안 도시 연안에서 미국 공군 전투기가 중국이 보낸 고고도 정찰 풍선을 미사일로 격추시켰다. 1월 28일 미국 국방부가 중국이 보낸 고고도 정찰 풍선이 미국 북부 몬태나주의 미군 기지 상공을 지나 미국 본토 위를 비행하고 있다고 발표한 후 일주일 만에 격추된 것이었다.

중국은 자신들이 보낸 풍선은 맞지만, 통제권을 잃은 민간 기상 관측 기구라면서 미국이 국제 법규에 어긋나는 과잉 대응을 했다고 비난했다. 그러나 수거한 잔해를 조사한 미국 정부는 기상 관측용으로 보기 어려운 장비들도 장착됐다며 군사 기지 정찰이 목적이라고 판단했다.

미국은 풍선 탐지가 발표된 직후 예정돼 있던 토니 블링컨 국무 장관의 방중을 연기했다. 미국 의회에서는 사전에 탐지하지 못한 정부와 군에 대한 비판이 쏟아졌다. 미국 정부는 조사를 통해 과거에도 중국이 전 세계 40여 개 국가에 풍선을 날렸다고 발표했다.

△ 격추된 중국 정찰 풍선의 잔해를 수거하고 있는 미국 해군[5)]

중국의 고고도 정찰 풍선은 고도 18~20km를 비행했다. 이곳은 기상 현상이 일어나는 대류권 바로 위에 있는 성층권이다. 풍선은 해당 고도에서 부는 바람을 타고 중국 본토에서 미국까지 날아갔다. 각 나라의 주권이 미치는 영공에 속하는 성층권은 일반적인 항공기는 다니지 못하고, 인공위성이 날 수 있는 최저 고도보다 훨씬 낮다. 중국이 보낸 것과 같은 성층권에서 비행하는 고고도 풍선은 제작 원가가 인공위성보다 훨씬 싸고, 장시간 머무르면서 인공위성보다 정밀한 사진을 찍을 수 있고, 군사 기지에서 나오는 통신이나 레이더 전파를 탐지하는 전자 신호 수집이 가능하다.

중국은 성층권이 갖는 여러 특징을 활용해 군사 기지를 노리는 정찰 풍선을 민간 기상 관측 기구라고 주장하는 기만술을 펼쳤다. 한편, 이번 풍선 사태를 두고 중국에 대한 미국의 여론을 분열시키거나, 미국의 외교·군사적 대응을 시험하는 것이라는 관측도 나왔다.

세상에는 내연 기관과 전기 모터가 합쳐진 하이브리드 자동차처럼 두 가지 이상의 이질적인 물체나 기능이 합쳐진 하이브리드가 다양하게 존재한다. 전쟁을 수행하는 방법론에서도 정규전, 비정규전, 사이버전, 전자전 및 미디어전 등 다양한 수단이 결합한 '하이브리드 전쟁 Hybrid War'이 부각되고 있다.

회색 지대 전략이 한 국가가 전쟁에 돌입하지 않는 선에서 상대방을 도발함으로써 점진적으로 목적을 달성하는 방법론이라면, 하이브리드 전쟁은 국가는 물론이고 반군이나 테러 집단 같은 비국가 단체들이 정규전과 함께 비정규전, 심리전, 사이버전 등을 수행하는 새로운 형태의 전쟁을 의미한다.★

2장

# 하이브리드 전쟁

# 군사적, 비군사적 수단의 혼합

하이브리드 전쟁은 군사력을 사용하는 전쟁에, 상대방에 대한 가짜 뉴스, 심리전, 사이버 공격, 여론 조작, 정치 공작, 이질적 문화를 가진 난민 유입 등 다양한 비군사적 수단을 동시에 사용한다. 모든 수단을 총동원한다는 점에서 복합 전쟁 또는 비대칭 전쟁으로도 불린다.

전통적인 전쟁은 전쟁이 선포된 이후 현실 세계에서 벌어지는 교전을 통해 이뤄지지만, 하이브리드 전쟁은 가짜 뉴스, 사이버 공격 등 비군사적 수단을 사용해 영역과 공간을 가리지 않고 평시에도 진행된다.

하이브리드 전쟁은 직접적인 무력을 사용하지 않아도 상대국에 사회적 공포와 혼란을 일으키고, 국제 사회에서의 지지를 이끌어낼 수 있다. 과학 기술 및 인터넷 등을 통해 다른 국가에 대한 접근성이 확대됨에 따라 하이브리드 전쟁은 빠른 속도로 확산되고 있다. 다양한 비군사적 방법을 동원하기 때문에 공격을 당하는 쪽은 공격의 주체를 알

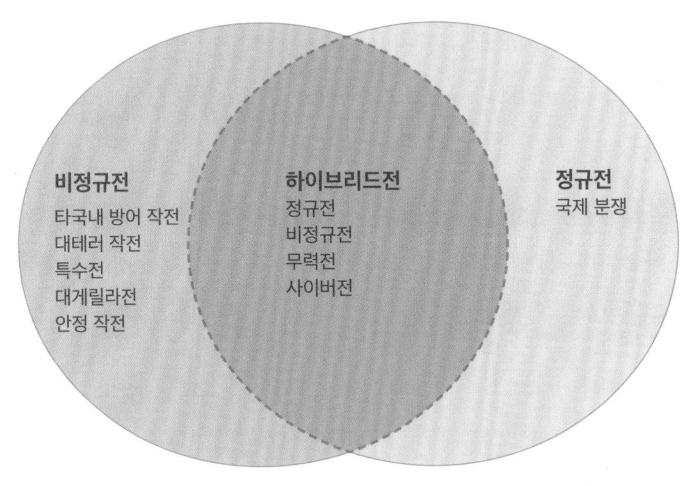


△ 정규전과 비정규전을 모두 포함하는 하이브리드전[6)]

기 어렵고, 의도를 파악하기 힘들어 신속하게 대응할 수 없다. 게다가 가짜 뉴스 등을 동원해 여론을 악화시키고 내부를 분열시킴으로써 사회적 혼란까지 가중시키므로 제대로 된 대응이 더욱 힘들다.

2007년 미국의 군사 전략가 프랭크 호프먼은, 하이브리드 전쟁을 '국가 또는 정치 집단이 재래식 전쟁 수행 능력, 비정규전 전술과 조직, 무차별적 폭력과 강압을 동반하는 테러 및 범죄 행위 등의 다양한 전쟁 방식을 수행하는 것'이라고 정의했다. 참고로, 호프먼으로 하여금 이런 정의를 내리게 한 전쟁은 바로 2006년 7월 12일 레바논의 무장 정파 헤즈볼라가 이스라엘 병사 2명을 납치한 데 대한 보복으로 시작된 2차 레바논 전쟁이다.

## 헤즈볼라가 주도한 2차 레바논 전쟁

전쟁이 벌어지는 동안 이스라엘은 헤즈볼라에 효과적으로 대응하지 못하고 정치적, 군사적 주도권을 뺏겼다. 이스라엘을 상대한 헤즈볼라는 정규군과 비정규군의 모습을 모두 갖춘 중간적 형태의 군사 조직이다.

헤즈볼라는 발전된 상업용 통신 기술을 활용해 정규군 못지않은 지휘 체계로 정규전과 비정규전을 자유자재로 수행했다. 이에 비해, 이스라엘군은 헤즈볼라의 정규전과 비정규전을 넘나드는 전술에 제대로 대응하지 못했다.

헤즈볼라는 국경 인근 이스라엘 도시에 로켓탄 공격을 가하면서 민가 주변에 로켓 발사대를 설치해 이스라엘 공군의 공습으로 민간인 피해가 발생하도록 유도했다. 헤즈볼라는 전쟁 범죄를 서슴없이 저지르면서도 매체와 소셜 미디어를 통해 레바논의 민간인 피해를 강조했다. 이 때문에 이스라엘은 국제 사회에서 많은 비난을 받았다.

헤즈볼라는 중국에서 들여온 C-701 지대함 미사일로 이스라엘의 해군 초계함 하니트를 격침시켰다. 헤즈볼라는 비정규군이므로 이 사건은 '비국가 단체가 국가 수준의 정규전을 수행한 것'으로 기록됐다.

이스라엘군은 자국에서조차 지지를 얻어내지 못했다. 이스라엘 매체들이 군 피해를 근거로 군의 작전 수행 능력을 비판하는 바람에 군의 사기가 저하됐고, 지휘부가 피해를 줄이는 데 치중하면서 적극적인 작전을 펼치지 못했다.

2차 레바논 전쟁은 매체와 소셜 미디어 같은 비군사적 수단이 군사 작전에 크게 영향을 준 사례로 기록됐다.

# 러시아의 하이브리드 전쟁

하이브리드 전쟁이 2차 레바논 전쟁을 통해 이론으로 정립되기 시작한 것과 별개로, 러시아는 독자적으로 하이브리드 전쟁을 발전시켰다. 러시아는 구소련 붕괴 이후 미국에 견줄 힘을 갖추지 못했다. 이런 격차를 극복하기 위해 러시아는 새로운 군사 전략으로서 하이브리드 전쟁을 연구하기 시작했다. 러시아는 하이브리드 전쟁을 '신세대 전쟁'이라 부른다. 러시아는《손자병법》에 나오는 '싸움 없이 적의 저항을 꺾는 것이 가장 훌륭하다'는 전략을 기반으로 교리를 만들었다.

2013년 당시 러시아군 총참모장이었던 발레리 게라시모프 장군은 〈방위 산업〉지에 기고한 논문에서 하이브리드전을 '선전 포고 없이 이뤄지는 정치·경제·정부·기타 비군사적 조치를 현지 주민의 항의 잠재력과 결합시킨 비대칭적 군사 행동'이라고 규정했다. 게라시모프 장군이 논문에서 밝힌 전략은 서구 민주주의 국가는 수행하기 어려운 것들이었다.

△ 크름 반도를 점령한 러시아군[7]

## 러시아의 초기 하이브리드 전쟁

러시아가 처음 하이브리드 전쟁을 수행한 것은 게라시모프 장군의 발표 이전인 2007년 4월 에스토니아에 대한 사이버전에서였다. 당시 에스토니아 정부는 수도 탈린에서 소련군 동상을 철거하려 했지만 인구의 30%를 차지하는 러시아계 주민들이 이에 반발하면서 정국이 혼란해졌다. 러시아는 해커들을 동원해 에스토니아의 인터넷망을 마비시켰다. 이 사건을 계기로 NATO는 탈린 매뉴얼이라는 사이버전 교전 수칙을 만들게 됐다.

2008년 8월 러시아는 조지아 전쟁에서 사이버전과 함께 군사력을 사용했다. 러시아는 친러시아 성향의 남오세티야 분리주의자들을 보호한다는 명분으로 이들을 진압하던 조지아군을 공격하기 위해 국경까지 침범했다. 러시아군이 약 7만 명의 병력을 동원해 지상, 공중, 해상에서 벌인 작전으로 조지아군은 큰 타격을 입었다. 뿐만 아니라 러시아군의 공습으로 조지아의 민간인들까지 큰 피해를 입었다.

러시아는 조지아군을 공격하기 이전부터 조지아 정부의 웹사이트에 디도스 공격 같은 사이버전을 벌였다. 러시아 해커들은 조지아 정부의 웹사이트는 물론 미디어, 인터넷 서비스 회사, 통신사, 금융 기관 사이트까지 공격함으로써 조지아 국민들의 일상을 완전히 마비시켰다. 외부와의 인터넷 연결마저 끊겨버리면서 외국 정부와 해외 언론들은 조지아에서 벌어지는 상황을 알 길이 없었다. 또한 러시아의 사이버전은 조지아군의 지휘 체계도 마비시켰다. 이렇게 양국의 군 전력과 사이버전 능력이 큰 차이가 난 탓에 조지아가 사실상 항복을 선언하며 전쟁은 5일 만에 끝났다.

이후로도 러시아는 여러 나라를 상대로 해킹 같은 사이버전을 비롯해 소셜 미디어의 가짜 뉴스 따위로 혼란을 조성하려는 시도를 했다.

## 우크라이나를 상대로 한 하이브리드 전쟁

러시아는 우크라이나 크름 반도 합병 때부터 더욱 발전된 하이브리드 전쟁 전략을 보여줬다. 2014년 2월 우크라이나의 친러 정권이 무너지고 그 자리에 친서방 과도 정부가 들어서자, 러시아는 자국민 보호를 명분으로 크름 반도에 대한 군사 개입을 시작했다. 러시아 군인들은 크름 반도 내의 여러 시설을 점거하고 찬반 투표를 거쳐 속전속결로 합병을 진행했다. 하지만 우크라이나 정부는 물론이고 미국 등 서방권 국가들은 합병을 인정하지 않았고, 결국 러시아는 국제 사회의 제재를 받게 됐다.

이전까지 러시아는 유럽과 이스라엘 방위 산업체들의 기술과 제품을 받아들여 새로운 무기 체계를 개발하는 등 많은 협력을 해왔었다. 그러나 제재로 말미암아 러시아에 진출했던 외국 기업들이 전원 철수했고, 러시아에 수출하기로 했던 프랑스제 상륙함의 주문이 취소되는 등 서방과 러시아의 관계는 악화일로를 걷기 시작했다.

러시아는 크름 반도 합병에 성공한 후 러시아계 주민들이 많은 우크라이나 동부의 반정부 분리주의 세력을 지원하면서 비정규전을 시작했다. 2014년 7월 반군이 러시아에게서 지원받은 지대공 미사일로 도네츠크 상공을 비행 중이던 말레이시아항공 MH-17편을 격추해 탑승객 298명이 모두 숨지는 사건이 발생하기도 했다.

무기 지원 외에도 러시아군 군복을 입었으되 국기는 없는 정체불명의 군인들이 등장하고, 러시아가 수출한 적이 없는 전자전 장비가 그 지역에서 사용되는 등 러시아군이 직접적인 개입을 했다는 증거가 속속 드러났다. 돈바스 내전 당시 우크라이나군은 러시아군의 전자전으로 통신이 두절됐다. 그사이에 우크라이나군의 개인 휴대폰에 지휘관이 도망갔다거나 부대가 포위됐다는 내용의 허위 문자가 전송되기도 했다. 이런 일련의 작전은 우크라이나군을 커다란 혼란에 빠뜨림으로써 돈바스 및 도네츠크 지방의 대부분을 반군과 러시아군에 내주는 결과를 초래했다.

러시아는 친러 분위기가 약한 서부 지역에 대해서는 주로 사이버전을 벌였다. 2015년 12월에는 변전소를, 2016년 12월에는 수도 키이우의 변전소 관리 시스템을 공격했다. 서부 지역에 대한 사이버 공격은 이동 통신망에 대해서도 이뤄졌다. 우크라이나군이 휴대 전화 사용을 줄이면서 위치 파악이 어렵게 되자, 이동 통신망을 해킹한 러시

△ 러시아군은 각종 전자전 장비를 돈바스 내전에 지원했다.[8)]

아는 우크라이나 후방의 인구 밀집 지역에 자식이 전사했다는 가짜 문자 메시지를 대량으로 발송했다. 그런 다음 가짜 문자에 놀란 가족들이 전선의 자녀들에게 보내는 연락이 몰릴 것이라고 예상해 이동 통신 전파가 가장 많이 사용된 지점을 공격했다.

러시아는 2022년 2월 24일 전면적인 침공 이전에도 꾸준하게 사이버 공격을 이어왔다. 하지만 미국과 유럽의 지원을 받은 우크라이나 정부가 적절하게 대처해나가면서 이전과 같은 큰 피해는 입지 않게 됐다.

# 사회 혼란을 노리는 가짜 뉴스

하이브리드 전쟁은 전시와 평시를 가리지 않는다. 평상시에는 사회 혼란을 부추기고 해당 정부에 대한 불신을 조장하기 위해 가짜 뉴스를 집중적으로 사용한다. 가짜 뉴스는 사실 관계를 확인하지 않고 선정적인 보도에 집중하는 매체와 대중, 그리고 가짜 뉴스를 대량으로 뿌리기 위해 만들어진 소셜 미디어 계정을 통해 빠르게 퍼져나간다. 설사 허위 정보를 배포하는 계정을 찾아내 폐쇄한다 해도 허위 정보가 이미 많은 곳으로 퍼져버려 손쓰기 어렵게 된다.

러시아가 만들어낸 가짜 뉴스는 러시아 국영 매체를 통해서 빠르게 전파됐다. 2014년 7월 초 러시아 TV는 우크라이나 동부 슬로우얀스크에 우크라이나 병사들이 침입해 레닌 광장에서 주민들을 처형했다는 한 난민의 인터뷰를 보도했다. 하지만 그 도시에는 레닌 광장이라는 장소가 없었고, 인터뷰한 난민 여성은 친러시아계 반군의 부인이라는 사실이 밝혀졌다.

2022년 3월에는 러시아 공군이 마리우폴의 산부인과를 공습해서 큰 피해가 발생했다. 영국 주재 러시아 대사관은 트위터를 통해 당시 병원은 운영을 중단한 상태였고 피를 흘리며 대피하던 여성은 배우라고 주장하면서 해당 뉴스를 가짜라고 규정했으나, 오히려 러시아 대사관 측 주장이 가짜 뉴스였다.

러시아의 가짜 뉴스 대상은 우크라이나뿐만이 아니다. 2017년 봄 러시아의 한 뉴스 매체는 미국이 폴란드에 3,600대의 전차를 배치했

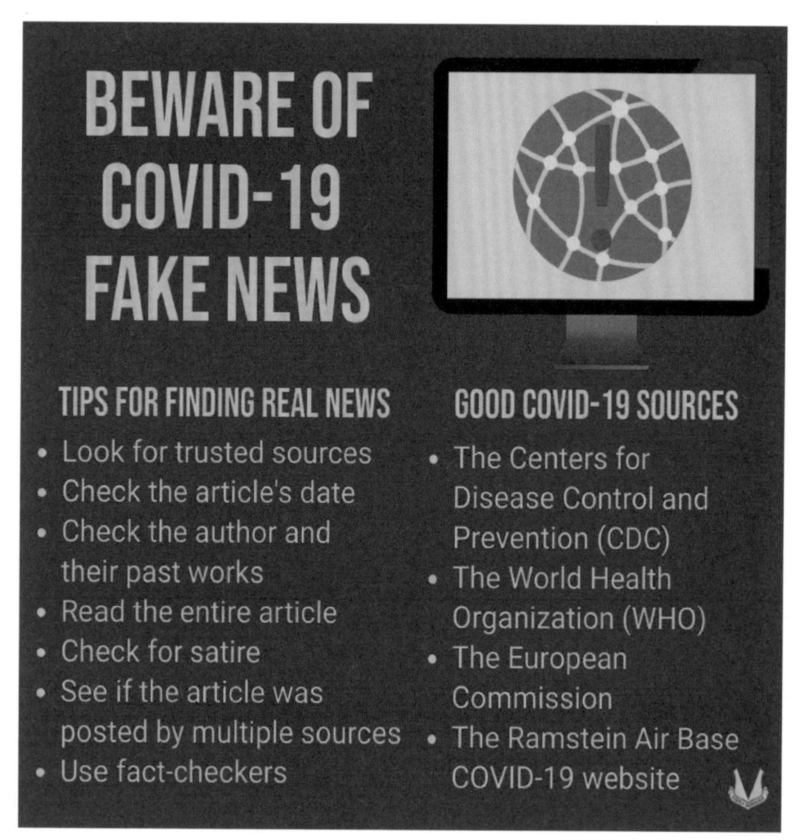


△ 람슈타인 미국 공군 기지 웹사이트에 올라온 코로나19 바이러스 관련 가짜 뉴스 주의보[9]

다고 보도했다. 하지만 미국 육군이 여단 전투팀 순환 배치로 실제 배치한 전차는 100대 미만이었다. 2018년 10월 초에는 러시아 국영 및 민영 미디어들이 아프가니스탄 잘랄라바드 공항에서 미국 공군 C-130J 수송기가 추락해 최소 11명이 숨졌다는 소식을 보도했다. 그러나 미국 관계자들은 이에 대해 러시아의 가짜 뉴스라고 반박했다.

가짜 뉴스는 회색 지대 전략을 펼치는 중국도 많이 이용한다. 중국의 가짜 뉴스 전략은 코로나 대유행 이후 부각되기 시작했다. 2020년 6월 EU 집행 위원회는 중국과 러시아가 전 세계적으로 코로나19 바이러스 관련 허위 정보를 유포하는 데 관여했다는 보고서를 공개했다. 보고서는 가짜 뉴스 유포의 대표적인 사례로 주프랑스 중국 대사관이 홈페이지에 올린 가짜 뉴스들을 꼽았다. 익명의 중국 외교관은 프랑스 의원들이 WHO 총재에게 인종 차별적 발언을 했다고 허위 주장을 폈다. 이에 분노한 프랑스 대통령이 미디어를 통해 중국을 비판하기도 했다.

최근 우리나라를 포함해 서방권 국가들의 군사 전략이 소개될 때 많이 등장하는 용어 중 하나로 '다영역 작전Multi-Domain Operation'이 있다. 다영역이란 기존의 군대 작전 영역인 지상, 해상, 공중에 우주와 사이버 공간을 더한 다섯 가지 영역을 말한다.

다영역 작전은 미국의 안보 전략이 9·11 테러 이후 테러분자 같은 극단주의자에 맞서던 것에서, 2018년 러시아와 중국을 중심으로 한 대등한 세력과 대치하는 것으로 전환되면서 나온 미국 국방부의 작전 개념이다. 다영역 작전은 미국 국방부의 많은 시행착오와 수정 끝에 나왔다.★

# 3장

# 다영역 작전

# 미국의 허점을 노린 중국과 러시아

미국의 다영역 작전을 이해하기 전에 중국과 러시아가 어떻게 미국에게 위협으로 인식됐는지를 이해해야 한다. 2차 세계 대전 이후 미국은 공중, 해상, 우주 등지에서 자유롭게 군사력을 운용하며 번영해

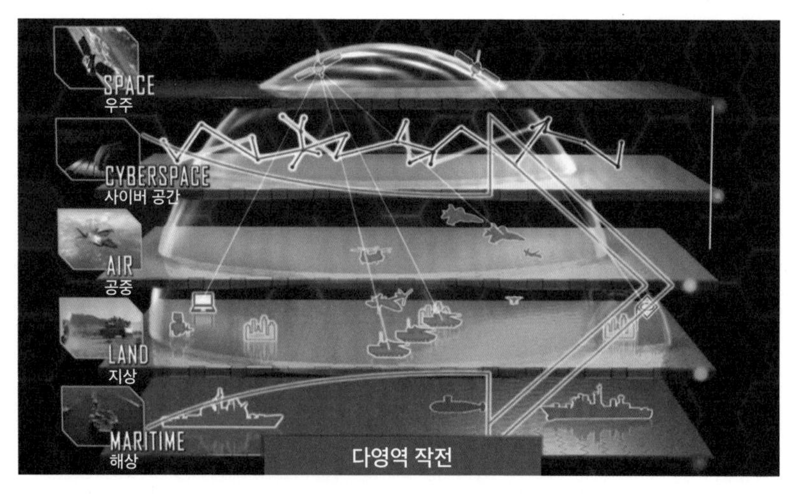


△ 미국 국방부가 추진 중인 다영역 작전 개념[10)]

왔다. 그러다 미국이 테러와의 전쟁에 몰두한 사이, 중국과 러시아가 군사 개혁과 무기 체계를 발전시키면서 미국 번영의 기반이 됐던 공중, 해상, 우주 등의 공간에 대한 접근 및 이용을 방해하기 시작했다.

미국은 테러와의 전쟁을 벌이면서 서남아시아와 중동 지역에 집중했고, 중국과 러시아는 미국의 빈자리를 공략하기 위해 군사력 강화에 집중했다.

## 러시아

2001년 6월 러시아는 지상군, 해군, 공군의 3개 군종과 전략 미사일군, 항공 우주군, 공수 부대의 3개 병종 체제를 유지하면서 그동안의 통합군 체제를 합동군 체제로 변환했다. 2008년에는 2003년에 실패했던 군사 개혁을 재실시했고, 2010년 6개 군관구를 4개 전략 사령부

△ 빅토리 데이 열병식에 참가한 러시아군 장갑차[11]

로 개편하고 군 병력도 100만으로 감축했다. 러시아가 우크라이나를 침공하면서 운용한 대대 전투단도 이때 도입됐다. 이와 같은 성과를 등에 업은 러시아는 2014년 3월 우크라이나 크름 반도에 병력을 투입해 강제 합병을 감행했다. 이후 우크라이나 동부 돈바스 지역에서 분리주의 반군을 지원하면서 돈바스 전쟁을 일으켰다.

러시아의 주변 지역에 대한 개입은 크름 반도 강제 합병 이전에도 있었다. 2007년 4월 에스토니아 정부가 수도 탈린에서 스탈린 동상을 철거하려 하자 정국이 혼란스러워졌고, 이 틈을 타 러시아는 해커를 동원해서 에스토니아의 인터넷망을 마비시켰다. 2008년 8월에는 친러시아 성향의 남오세티야 분리주의자들을 진압하려는 조지아군을 국경을 넘어가서 공격했고, 조지아 영토까지 진격하며 전쟁을 일으켰다. 우크라이나에서는 크름 반도 합병 이후 우크라이나 서부 지역의 변전소에 대한 사이버전을 펼치면서 전력 시스템을 마비시켜 큰 피해를 입혔다.

### 중국

중국은 1985년부터 기본적인 체계를 유지하면서 군대의 규모만 줄이는 감군 위주로 개혁을 진행했다. 이 과정을 통해 1985년 400만 명이었던 병력이 2005년에는 230만 명으로 줄어들었다. 더불어 1990년대 이후 매년 10%에 가까운 국방비 증액을 통해 군 현대화도 추진해왔다.

중국군 개혁은 2013년 시진핑이 중앙 군사 위원회 주석에 취임한 이후 본격화됐다. 시진핑 주석은 2015년 9월 전승절 기념 열병식

△ 중국군은 정예화와 첨단화를 추진하고 있다.[12]

에서 30만 명의 병력 감축 계획을 발표했다. 중국군 병력 수를 200만 명으로 줄이고, 군 정예화 및 무기의 첨단화로 능력을 향상시킨다는 게 주요 내용이었다. 2015년 12월 31일 중국 공산당은 1966년부터 지켜온 육·해·공·제2포병의 4개군 체제를 육·해·공·로켓군, 그리고 전략 지원 부대의 5개군 체계로 개편했다. 7개 군구도 4개 전구로 개편했다.

중국과 러시아는 자국의 영향력을 확대하는 것에 그치지 않고, 자신들이 개발한 첨단 무기를 미국과 서방에 대적하는 국가들에게 판매하면서 영향력을 확대했다.

중국과 러시아 외에 이른바 불량 국가로 불리는 이란과 북한의 도발도 빈번해지고 있다.

# 강대국 경쟁으로 전환한 미국

미국이 대테러전에 집중하는 동안, 미국 육군을 제외한 공군과 해군은 큰 위기에 빠졌다. 특히 미국 해군은 항모 비행단과 순항 미사일로 지상 작전을 도왔는데, 이 때문에 해양 통제가 제대로 이뤄지지 않으며 미국이 전통적으로 구사해왔던 전투 준비 태세나 병력 기량 유지 역할이 심각하게 훼손되기 시작했다. 게다가 막대한 전쟁 비용은 미국이 자신의 힘과 영향력을 전 세계에 발휘할 수 있게 해주는 도구나 다름없는 공군과 해군에 대한 투자를 어렵게 만들었다.

중국과 러시아의 도전은 미국이 테러와의 전쟁에서 벗어나는 데 있어 자극제가 됐다. 미국은 2017년 안보 전략NSS, 2018년 국방 전략NDS을 통해 대등한 적과의 경쟁으로 전환을 공식화했다.

## 공해 전투 - 미국의 초기 대응

중국의 도련선 전략처럼 미국의 군사적 동원을 차단하고 저지하기 위한 전략을 '반접근/지역 거부' 전략이라 한다. 중국의 전략을 예로 들면, 군 구조 개편과 현대화를 통해 제1·2 도련선 내부로 미국의 접근을 차단하는 것은 '반접근Anti-Access', 대만이나 난사 군도와 같은 전략적 이익이 걸린 지역에 대한 미국의 접근을 막는 것은 '지역 거부Area Denial'다.

NATO라는 대규모 동맹 체계가 있어 러시아에 대한 대응이 준비돼 있는 유럽과 달리, 서태평양 지역은 바다에서 중국과 충돌이 불가피하다. 물론 중국의 반접근/지역 거부 전략에 미국이 대비하지 않은 것은 아니다. 2010년대 초반 해군과 공군을 중심으로 '공해 전투Air-

△ 미국은 중국의 반접근/지역 거부 전략에 맞서 공해 전투 개념을 준비했다.[13]

Sea Battle' 개념이 만들어졌다.

공해 전투 개념에 따르면, 중국의 반접근/지역 거부 전략을 제거하기 위해 중국 본토에 있는 장거리 대함 및 대지 공격용 무기와 이를 지원하는 레이더 기지, 위성 정보 수신 시설, 지휘 통제소 등을 공격해야 한다. 하지만 중국 본토에 대한 공격은 남중국해와 대만 해협 같은 제한된 공간에 머물지 않으며, 자칫하면 서태평양 지역 전체에서 양측의 전면전을 야기할 수 있다는 비판이 제기됐다. 게다가 해군과 공군을 동원한 공해 전투는, 서태평양 일대에 대한 중국의 반접근 전략은 극복할 수 있을지언정 육군 같은 지상 전력을 투입해야만 접근이 가능한 지역 거부 전략에 대한 극복은 어렵다는 비판도 나왔다.

## 미국 육군 - 다영역 전투에서 다영역 작전으로

군사 개혁과 첨단화를 통한 지상, 공중, 해상 전투력의 향상, 위성으로 대표되는 우주 공간 개척과 대위성 무기를 통한 방해, 그리고 물리적 피해를 가져오는 수준에 이른 사이버 공간을 통한 공격까지, 중국과 러시아의 도전은 전방위로 미국과 동맹국들을 위협하기 시작했다.

1980년대에 미국 육군은 지상과 공중을 물리적으로 활용해서 적의 취약부를 집중 공격한 후 전장의 주도권을 확보하고 유지하는 공지전투Air-Land Battle 개념을 도입해 걸프전에서 승리했다. 이후에는 전투공간에서 파악 가능한 모든 요소를 효과적으로 연계시킴으로써 정보의 우월성을 확보하고 이를 전투력으로 전환하는 '네트워크 중심전'을 도입해 2003년 이라크전에서 승리했다.

미래 전쟁에서 승리하기 위해 새로운 작전 개념을 도입하는 데 적극적인 미국 육군은, 중국과 러시아의 발전된 위협에 대응하기 위해 교육 사령부 산하 육군 능력 통합 센터 주도로 '다영역 전투Multi-Domain Battle'라는 작전 개념을 만들었다.

이후 여러 번의 논의와 검증 끝에, 2018년 12월 다영역 전투 개념을 확대 발전시킨 '다영역 작전Multi-Domain Operation'을 발표했다. 이때 '미국 육군의 2028 다영역 작전'이라는 문서를 통해 2028년까지 1개 전장에서, 2035년까지 2개 전장에서 다영역 작전을 펼칠 수 있는 부대를 건설하겠다는 목표를 내세웠다.

결론적으로 다영역 작전은 미국과 동맹국이 2025~2040년에 국제 분쟁 상황에서 어떻게 승리할 것인가를 구상한 미국 육군의 작전 개념이라 할 수 있다. 미국 육군은 다영역 작전을 위해 '다영역 임무부대MDTF'를 창설했다. 5개가 창설될 MDTF는 여단급 부대로, 첩보·정보·사이버 전자기전·우주I2CEWS 대대, 전략 화력 대대, 방공 대대, 여단 지원 대대 등 크게 4개 예하 대대를 두고 있다.

I2CEWS 대대는 다섯 가지 영역에서 동시다발적으로 만들어지는 정보를 실시간으로 획득한 뒤 이를 공유하면서 해킹·재밍(전파 방해)·대응하는 임무를 수행한다. 전략 화력 대대는 기존의 육군 포병보다 더 먼 거리 공격이 가능한 장거리 유도 무기로 무장한다. 장거리 무기에는 극초음속 무기, 대함 공격이 가능한 토마호크 순항 미사일, 장거리 대함 및 대공, 탄도 미사일 요격이 가능한 SM-6 미사일이 포함된다. 여기에 대지 및 대함 공격이 가능한 LRPF라는 첨단 미사일을 탑재하는 하이마스 다연장 로켓이 추가된다.

다영역 작전은 육군이 발전시켰지만 육군만의 작전은 아니다. 여러 영역에서 정보를 얻기 위해서는 해군, 공군, 해병대, 우주군 등 다

△ 미국 육군의 여러 영역을 아우르는 다영역 작전[14)]

른 군과의 연계가 불가피하다. 다영역 작전의 목표인 반접근/지역 거부에 사용되는 각종 무기 체계를 파괴하는 일도 육군의 단독 작전이 아닌 공군이나 해병대 등 다른 군대, 나아가 동맹국 군대와의 합동 작전이 필수적이다.

미국 국방부가 다영역 작전을 도입한 이후, 미군과 합동 작전을 실시하는 서방 동맹국들도 다영역 작전 개념을 도입하기 시작했다. 이 국가들은 우주전, 전자전, 사이버전에 대한 투자를 강화하면서 다영역 작전을 준비 중이다. 일본은 영역 횡단 작전, 영국은 다영역 통합 Multi-Domain Integration이라 부르는 등 명칭은 다르나 개념은 동일하다.

## 미국 국방부의 합동 전 영역 지휘 통제

미국 육군에서 시작된 다영역 작전은 미국 국방부 수준으로 확대되고 있다. 미국 국방부의 다영역 작전의 핵심은 육군, 해군, 공군, 해병대, 우주군의 모든 센서를 연결하는 개념인 '합동 전 영역 지휘 통제JADC2'다. 2021년 5월 13일 국방 장관이 서명하면서 공식화된 JADC2 전략은 현재의 미군 지휘 통제 구조로는 다영역 작전을 제대로 지원할 수 없다는 위기의식에서 비롯됐다.

JADC2는 육군의 '통합 전투 지휘 시스템IBCS', 공군의 '첨단 전투 관리 시스템ABMS', 해군의 '합동 교전 능력CEC' 등을 연결한다. 또한 전장에서 발생하는 데이터를 분석하기 위해 머신 러닝과 AI 기술, 5G와 저궤도 위성 통신을 활용한다. JADC2는 각 군의 방대한 네트워크를 연결해야 하므로 개발과 배치에 엄청난 예산이 들 것으로 예상된다. 개발 완료 시점도 알려지지 않았다. JADC2 개발을 위해 육군은 동맹국과 프로젝트 컨버전스를, 해군은 프로젝트 오버매치 같은 다양한 전투 시험을 진행 중이다.

미국의 군사 전략의 핵심은 동맹군과의 합동성을 중요하게 여긴다는 데 있다. 특히 프로젝트 컨버전스에 핵심 동맹국의 기술을 소개하고 연계 훈련을 진행하고 있다. 2022년 프로젝트 컨버전스 훈련 당시 호주군은 미군의 센서로 만들어낸 표적 정보를 호주 현지로 전송했다. 실시간으로 표적 정보를 전달받은 호주군은 포 사격으로 가상의 표적을 파괴하는 훈련을 했다.

JADC2가 개발되면 결과적으로 미국의 각 군의 합동성이 강화될 것이다. 다만 미군과의 상호 운용성이 중요한 동맹국군에게는 미군의 지휘 통제 시스템을 도입하거나, 각자의 공동 표준 규격에 따라 지휘

△ JADC2는 미국 국방부의 육해공군 모두가 포함되는 방대한 지휘 통제 체계다.[15]

통제 구조를 개편해야 한다는 과제가 주어진다.

영국과 호주 등은 미국 육군이 주도하는 다영역 작전을 위해 다양한 기술과 장비를 시험하는 프로젝트 컨버전스와 에지 훈련 등에 참가하고 있다. 그러면서 미국 본토와 본국 사이에 데이터를 연결해 가상의 표적을 공격하는 훈련을 하는 등 지휘 통제 체계의 연동을 위한 준비를 하고 있다.

폴란드는 NATO와의 상호 운용성을 위해 미국 육군의 첨단 지휘 통제 체계인 IBCS의 수출형 모델을 도입했다.

돌, 도자기, 타일, 유리, 나무 등을 사용해 건축물의 마루나 벽, 공예품의 장식을 만들어내는 것을 '모자이크'라고 한다. 작은 단편을 모아 일정한 형상을 그리는 모자이크 기법은 생명 공학, 전자 공학 등 다양한 분야에 쓰이고 있다.

모자이크는 우리가 흔히 퍼즐이라고 부르는 직소 퍼즐과 다르다. 모자이크는 비슷한 모양과 색을 가진 다양한 조각들로 구성돼 있어서 일부 조각이 없더라도 전체 그림을 구성하는 데 큰 문제가 없고 비슷한 다른 조각으로 대체할 수 있다. 반면에, 직소 퍼즐은 이미 만들어진 그림을 쪼갠 것으로 일부 조각이 없으면 그림을 완성할 수 없다.

미국 국방부는 중국과 러시아의 전략에 대응하기 위해 이와 같은 모자이크의 특징을 이용한 '모자이크전Mosaic Warfare'이라는 새로운 전쟁 수행 방식을 도입했다.★

# 4장

# 모자이크전

# 중국, 러시아와의 미래전 수행 방식

미국은 2차 세계 대전 이후 소련의 군사력 발전을 뛰어넘기 위해 3회에 걸쳐 '상쇄 전략'을 마련했다. 첫 번째 상쇄 전략은 1950년대 핵무기와 운반 체계 기술을 발전시킨 것이고, 두 번째 상쇄 전략은 1970년대 컴퓨터와 네트워크 기술로 소련의 양적 우위를 뛰어넘으려 시도한 것이었다.

미국은 소련 붕괴 이후 다시 미국과 경쟁에 나선 러시아, 그리고 새로운 강대국으로 부상한 중국을 압도하기 위해 세 번째 상쇄 전략을 2010년대 초반부터 진행하고 있다. 세 번째 상쇄 전략은 빅 데이터, AI, 자율 체계 등 4차 산업 혁명 기술을 기반으로 한다. 이 세 번째 상쇄 전략은 기술이 빠르게 변하고 세계적으로 평준화됨으로써 과거처럼 미국의 월등한 기술을 기반으로 하는 군사력의 우위를 더 이상 유지하기 어렵다는 판단에서 시작됐다.

미국이 대테러전에 발이 묶여 있는 동안 중국과 러시아는 군 현대화를 통해 첨단 전력 및 사이버전, 전자전 능력을 향상시켜 미군이 1970년대 이후 누렸던 우위를 잠식하고 있었다. 냉전 해체 이후 병력과 첨단 무기의 수가 줄어들고 있던 미국 국방부는 기존 방식으로는 중국, 러시아와의 전쟁에서 승리하기 어렵다는 판단하에 새로운 방법을 모색하기 시작했다. 미국 국방부의 고민에 DARPA는 각각의 조각을 붙여 큰 그림을 그리는 모자이크의 특징에 주목했다. 많은 연구와 테스트를 거친 끝에, 2016년 첨단 정보 통신 기술ICT을 중심으로 하는 4차 산업 혁명의 주요 기술을 접목시켜 작고 민첩하고 유동적이고 확장 가능한 전력을 전개하는 모자이크전의 개념을 발표했다.

DARPA는 모자이크전을 '인간의 지휘에 AI 기술을 결합해 결심 중심의 작전을 수행하고, 유무인 복합 체계 및 지휘 통제C2 노드 같은 여러 영역에 분산된 전력을 마치 모자이크처럼 자유롭고 신속하게 편성 및 재편성해 상대방에게 불확실성과 복잡성을 강요하는 전쟁 수행 방식'으로 정의했다.

모자이크전에 동원되는 수단들은 공중, 지상, 해상, 사이버, 우주 등 각 영역의 개별 플랫폼들이다. 이런 다양한 영역의 여러 수단을 적절하게 섞어서 활용함으로써 적이 어떻게 싸워야 할지 방법을 쉽게 찾지 못하게 만드는 것이다. 지금까지의 작전 개념은 각 영역의 전력이 통합된 단일 체계로, 강력한 전투력을 한 방향으로 집중시켜 적보다 상대적 우위에 서는 형태였다. 그러나 적이 주요 전력을 다른 방향으로 전환하거나, 아군의 취약점을 식별해 공격하면 이러한 상대적 우위는 지속될 수 없다. 모자이크전은 전 영역에 분산된 전력을 적이 예상치 못한 시간과 장소에서 동시다발적으로 집중시켜 적의 상황 판단과 대응을 어렵게 한다.

△ 미국이 F-22 전투기 개발에 매여 있는 동안
러시아는 S-400 같은 첨단 방공망을 개발하며 발전했다.[16)]

▽ 모자이크전은 여러 구성 요소를 적절하게 끼워 넣을 수 있는
유연성을 갖는다.[17)]

# 모자이크전 필요조건

모자이크전을 수행하기 위해서는 많은 것이 필요하다.

우선 무기 시스템에서 변화가 필요하다. 많은 비용과 긴 기간이 필요한 고성능의 유인 시스템에 중점을 두는 것에서 벗어나, 변화하는 위협에 대응하기 위해 최신 기술로 신속하게 개발, 배치 및 업그레이드할 수 있는 유인 시스템과 저렴한 무인 시스템이 필요하다. 유인 시스템과 훨씬 저렴한 무인 시스템을 연결하면 개별 '조각'을 쉽게 재구성해 다른 효과를 내거나 파괴된 경우 신속하게 교체할 수 있어 더욱 탄력적인 전쟁 수행 능력을 확보할 수 있다. 미국 국방부는 무인 시스템을 도입함으로써 투입되는 전투원의 수가 줄면 궁극적으로 병력들의 생존성을 높일 수 있을 것으로 기대한다.

또한 각 조각들을 연결하는 방법도 중요하다. 유연한 작전 형태를 지닌 모자이크전에는 빠르게 움직이는 다양한 조각들이 존재한다. 이 조각들이 긍정적인 결과를 가져올 수 있도록 적재적소에 올바른 방식

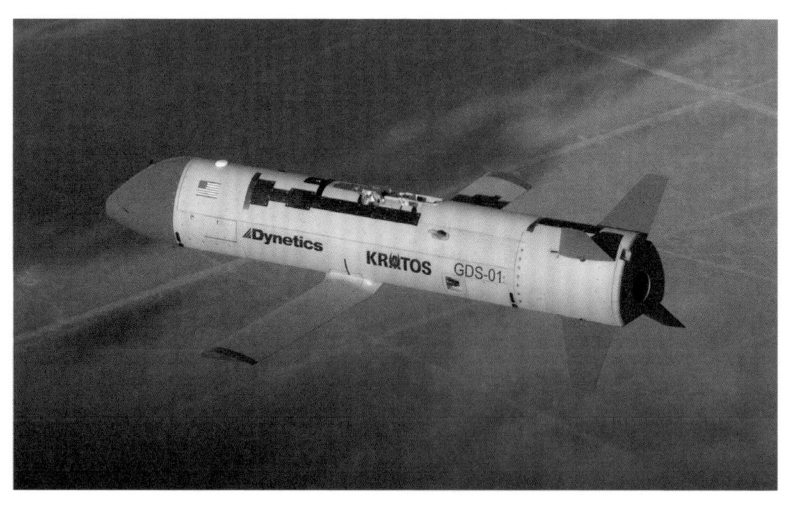


△ DARPA 그렘린 프로그램의 드론은 모자이크전에 필요한 센서나 무장을 자유롭게 교체하는 것을 목표로 한다.[18]

으로 투입되기 위해서는 신뢰할 수 있고 적응 가능한 통신 연결과 데이터 센서가 요구된다. DARPA는 모자이크전을 위해 아군의 상황 인식을 높이고, 무기 정확도를 개선하며, 혼잡한 지역에서도 안전하게 통신을 유지할 수 있도록 기술과 장비를 개발하고 있다.

각 조각들을 한데 묶을 지휘 통제 체계에도 변화가 필요하다. 기존 전장에서는 지휘Command와 통제Control에 통신Communication이 더해진 C3 체계가 어려움 없이 작동하지만, 다양한 영역에 아군 전력이 분산된 모자이크전은 규모가 커져서 C3을 제대로 운영하기 위한 의사 결정이 지연될 수 있다. 이런 문제를 해결하기 위해 기존의 의사 결정 과정에 AI를 추가해 제때 적절한 의사 결정이 내려지도록 만들어야 한다.

## 킬 체인에서 킬 웹으로

모자이크전을 수행하기 위해서는 기존의 킬체인Kill Chain에서 킬 웹Kill Web으로의 발전이 필요하다. 킬 체인이란 공격을 성공적으로 수행하거나 표적과 교전하기 위해 거쳐야 하는 일련의 과정을 의미한다. 일반적으로 표적 식별, 표적 획득, 표적과 교전, 효과 평가의 순서로 진행된다. 킬 웹은 킬 체인의 개념을 확장한 것으로서 거미줄처럼 복잡하게 연결돼 있다. 현대전이 복잡해지면서 등장했는데, 여러 시스템, 플랫폼, 역량을 네트워크로 연결해 전장 상황에 탄력적으로 적응할 수 있도록 만들기 위해 도입됐다.

킬 웹은 몇 가지 특징을 갖는다. 첫째, 위성, 드론, 레이더, 기타 정보 수집 플랫폼 등 다양한 센서가 통합돼 있다. 이들 센서에서 수집한 데이터는 의사 결정을 위해 분석되고 네트워크를 통해 제공된다. 둘째, 전체 네트워크에 정보를 신속하게 공유하고 전파할 수 있다. 이를 통해 공통의 작전 상황을 파악하고 전장의 다양한 구성 요소를 포괄적으로 이해할 수 있다. 셋째, AI와 머신 러닝 알고리즘 등을 활용해 지휘관과 작전 요원이 실시간으로 분석한 정보를 기반으로 가장 효과적인 행동 방침을 신속하게 결정할 수 있도록 지원한다. 넷째, 여러 플랫폼과 시스템에 걸쳐 치명적인 기능을 분산시켜서 사용할 수 있다. 이는 다양한 방향에서 조율되고 동기화된 공격을 가능하게 함으로써 적을 압도하고 성공 확률을 높일 수 있다. 다섯째, 중복 통신 링크, 분산된 의사 결정 기능, 대체 경로를 갖추고 있어 개별 요소가 손상되더라도 네트워크가 계속 작동할 수 있도록 보장한다.

킬 웹은 군사력의 다양한 구성 요소 간의 상호 연결성과 시너지를 강조한다. 다시 말해, 변화하는 위협에 신속하게 대응하고 임무를 효과적으로 달성할 수 있는 역동적이고 적응력이 강한 네트워크 시스템을 구축하는 것을 목표로 한다. 미국 국방부는 앞서 다영역 작전에서 소개한 JADC2를 사용해 여러 영역의 자산을 한데 모아 킬 웹을 지원할 계획이다.

그렇지만 킬 웹의 핵심은 다양한 자산을 연결하는 네트워크가 아닌, 네트워크를 활용해 적에게 어떻게 대처할 것인지 결정하는 '결심'에 있다. 이렇게 현대전은 과거의 네트워크 중심전에서 결심 중심전이라는 새로운 패러다임으로 전환되고 있다.

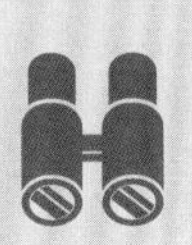

최근의 군사 작전은 지상, 해상, 공중, 우주, 사이버 영역을 통합한 다영역 작전으로 발전하고 있다. 여기에 인간 영역Human Domain이라는 새로운 영역이 포함되기 시작했다.

정부에 대한 부정적 인상을 각인시키는 행위와 같은 인간 영역에 대한 공격을 '인지전Cognitive Warfare'이라 한다. 인지전은 적군의 전투 의지를 꺾는 심리전보다 더욱 발달된 형태다. 미래전의 주류로 자리 잡을 것으로 예상되는 인지전에 대해 알아보자.★

# 5장

# 인지전

# 모두를 대상으로 하는 심리 공격

심리전은 고대 역사서에도 기록될 정도로 오래된 전략이다. 진나라 말, 초나라의 항우와 한나라를 건국한 유방의 대결을 그린 역사 소설 《초한지》에도 심리전을 묘사한 장면이 있다. 항우의 마지막 전투가 된 해하 전투에서, 포위당한 초나라 병사들의 상당수가 밤새 한나라 병사들이 부르는 초나라 노래를 듣고 이탈했고, 결국 초나라는 전쟁에서 패배하고 말았다. '사면초가'라는 사자성어를 만들어낸 이 장면은 심리전을 표현한 좋은 예다.

심리전은 적이 취약점을 스스로 노출시키도록 유도하고 전투원의 전투 심리를 흔드는 것이 목적이다. 최근에는 전단, USB 살포, 라디오나 TV 방송 등의 매체를 활용해 이뤄지고 있다. 이에 비해 인지전은 무력을 동원하지 않고도 무기와 장비 운영에서 적의 실수를 유발시키고, 정치 지도자들의 전쟁 판단력과 수행 의지를 꺾는 데 목표가 있다.

인지전에서는 공격하는 쪽의 의도나 목적이 쉽게 드러나지 않고 방어하는 쪽에 물리적 흔적이 남지 않아, 공격 징후를 파악하거나 적절하게 대응하기가 어렵다. 공격자는 인지전을 통해 전장에서 자신들의 피해를 최소화하고, 심지어 전쟁 발발을 억제할 수도 있다. 인지전은 글로벌 미디어와 소셜 미디어 등 발달된 네트워크로 쉽게 접할 수 있는 수단을 사용하는데, 디지털 기기가 대량으로 보급된 국가일수록 인지전에 취약하다는 연구 결과도 있다.

미국 육군은 2017년, NATO는 2021년에 정의, 개념, 군사 작전 적용성을 담은 인지전 교리를 각각 발간했다. 미국 육군은 인지전을 '전쟁 또는 전투에 참가하는 전사와 민간인들의 인지 메커니즘을 조장함으로써 적의 공세적 전쟁 및 전투 의지를 훼손시키고 말살시키는 비살상 전투'라고 정의했다. 그리고 NATO는 인지전을 '인지 영역에서 상대보다 유리해지기 위해 표적 청중에 미리 결정된 인식을 확립하기 위한 기동'이라고 정의했다.

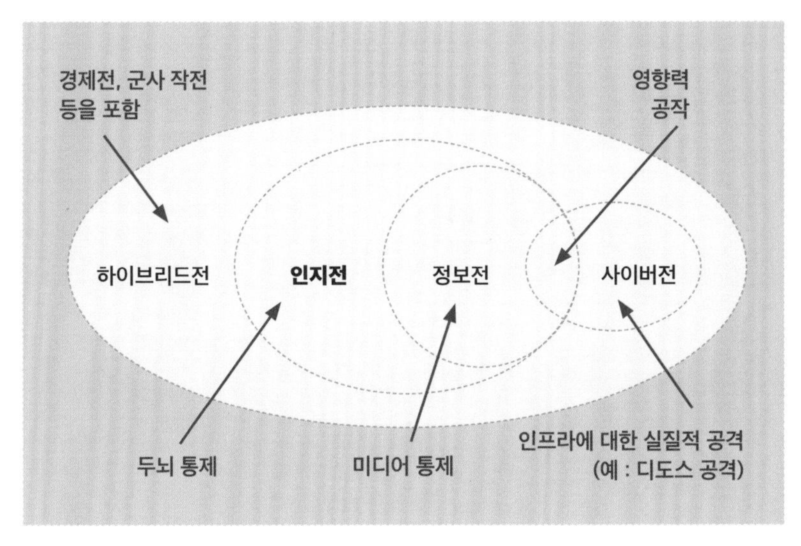


△ 인지전과 다른 전쟁 간의 개념적 관계[19]

간단히 말해, 인지전은 적을 내부에서 붕괴시키는 전략이다. 인지전의 성공을 위해서는 대상을 명확히 선정하고 목적을 구체화시켜 적용해야 하며, 고도로 전문화된 인력과 체계가 필요하다.

# 최근의 인지전 사례

인지전은 회색 지대 전략이나 하이브리드전을 위한 하나의 수단으로 자리 잡으며 다양한 곳에서 진행됐거나 진행되고 있다. 지금부터 인지전의 대표적인 사례 몇 가지를 소개하고자 한다. 참고로, 여기에 소개된 것 외에 2020년 나고르노-카라바흐 전쟁 때 아제르바이잔, 이란을 상대로 한 이스라엘, 파키스탄, 인도 등도 인지전을 벌인 사례로 꼽을 수 있다.

## 러시아와 우크라이나의 인지전 경쟁

러시아는 2014년 크름 반도와 돈바스에서 우크라이나를 상대로 소셜 미디어를 이용한 인지전을 펼쳤다. 이후로도 장기적으로 인지전을 진행했고, 우크라이나 사회가 충분히 분열됐다고 판단한 러시아는 2022년 2월 24일에 우크라이나를 침공했다. 침공 초기 러시아는 젤렌스키 대통령이 해외로 도피했다는 등의 허위 정보를 소셜 미디어에 퍼트리며 우크라이나의 항전 의지를 꺾으려 했다.

하지만 우크라이나도 러시아에 대항해 적극적인 인지전을 벌였다. 침공 다음 날인 2월 25일 우크라이나의 젤렌스키 대통령은 화상 연설을 통해 러시아가 가짜 뉴스를 퍼트렸음을 확인시켰다. 그리고 우크라이나 국민들의 항전 의지를 고취하고 국제 사회의 지지를 끌어냈다. 젤렌스키 대통령의 연설을 시작으로 우크라이나의 인지전이 본격화됐다. 국제적인 사이버 의용군들이 러시아의 주요 인터넷 서비스와 소셜 미디어를 공격하는 등 외부의 도움도 받았다. 우크라이나는 가족과 통화하는 러시아군의 통화 내용을 감청해 공개하고, 각 부대가 소셜 미디어를 통해 전과를 홍보하는 등 적극적으로 인지전에 임하고 있다.

## 대만을 상대로 한 중국의 인지전

중국은 주로 대만을 상대로 인지전을 펼치고 있다. 중국은 미국 육군과 NATO가 인지전에 대비하기 한참 전인 2003년에 인지전을 공식 전술로 채택했다. 긴장이 높지 않던 과거에는 대만을 포용하는 방식을 택했지만, 미국과 갈등이 격화되면서 가짜 뉴스를 퍼뜨리며 대만 정부에 대한 불신을 불러일으키고 대만 내부의 분열을 노리는 방식으로 전환했다.

2022년 8월 8일 대만 국방부는 중국 공산당이 8월 1일부터 8일 정오까지 대만에 272건의 가짜 뉴스를 유포시키려 했다고 밝혔다. 대만 국방부는 가짜 뉴스를 군인과 민간인의 사기 저하 130건, 무력 통일 분위기 조성 91건, 대만 정부의 권위 공격 51건 등 세 가지 유형으로 구분했다. 그보다 앞선 8월 4일 중국은 낸시 펠로시 미국 하원 의장의 대만 방문에 대한 반발로 대만 해협을 향해 탄도 미사일 11발을 발사했다. 일부는 중국과 대만 사이의 대만 해협 중간선 지점에 떨어졌고, 일부는 대만 상공을 넘어 동쪽 해역에 떨어지며 대만을 위협했다. 중국의 탄도 미사일 발사는 중국이 마음만 먹으면 언제든지 대만을 공격할 수 있다는 공포심을 심어주기 위한 의도로 분석됐다.

중국의 인지전 대상은 대만뿐만이 아니다. 미국 등이 중국의 동영상 공유 플랫폼 '틱톡'을 금지하려는 이유 역시 중국 공산당 홍보는 물론, 가짜 뉴스 따위로 여론을 조작하며 인지전을 펼칠 것을 우려했기 때문이다. 2023년 5월 틱톡을 개발한 중국의 IT 기업 바이트댄스에서 2018년 해고됐던 전前 임원은 중국 정부가 바이트댄스의 사업을 감시하고 있으며, 공산주의적 가치를 발전시키기 위한 지침을 사측에 제공했다고 주장했다. 또한 중국 정부가 견제하는 일부 국가에 대한

△ 중국이 대만 인근에서 벌이는 잦은 훈련도 인지전의 한 수단이다.[20]

반발을 불러일으킬 수 있는 콘텐츠를 유통했다는 의혹을 제기하면서 틱톡이 중국의 인지전 수단이라는 주장을 뒷받침했다.

한편, 중국은 코로나19 팬데믹의 책임을 다른 나라에 전가하는 데도 인지전을 이용했다. 중국 정부는 소셜 미디어에 허위 정보를 퍼트렸고, 국가가 후원하는 미디어 매체에서 중국 정부의 팬데믹 대응에 대한 긍정적인 이미지를 홍보했다.

## 하마스의 실수를 이끌어낸 이스라엘의 인지전

이스라엘은 무력 충돌을 이어가는 팔레스타인 무장 정파 하마스를 자극하고 움직임을 유도해 군사적 목표를 달성했다. 2021년 5월 13일 이스라엘 정부는 언론을 통해 가자 지구에 군사력을 투입하겠다는 성명을 발표했다. 5월 14일에 이스라엘군이 가자 지구 공격을 시작했다고 트위터에 올리자마자 세계 여러 매체가 이를 앞다퉈 보도했다.

이에 하마스는 이스라엘군을 공격하기 위해 은닉해둔 장비를 꺼냈고, 이 과정을 드론으로 지켜보던 이스라엘군에게 발각됐다. 이스라엘군은 확인된 주요 거점에 정밀 유도 무기로 공격을 퍼부었다. 그러면서 하마스가 민간인 지역에 무기를 배치하는 장면을 소셜 미디어로 공개하면서 군사 작전의 정당성을 선전했다. 팔레스타인에 민간인 희생자가 발생했다는 외신의 지적에 대해서는, 자신들은 다양한 수단을 통해 확인한 정보를 바탕으로 작전 계획을 펼침으로써 민간인 피해를 최소화하고 있음을 강조했다. 이스라엘군은 하마스의 로켓 공격을 아이언 돔 체계로 방어하는 영상을 소셜 미디어에 공개하며 국민들을 안심시키는 한편, 오히려 팔레스타인이 민간인들에 대한 무차별

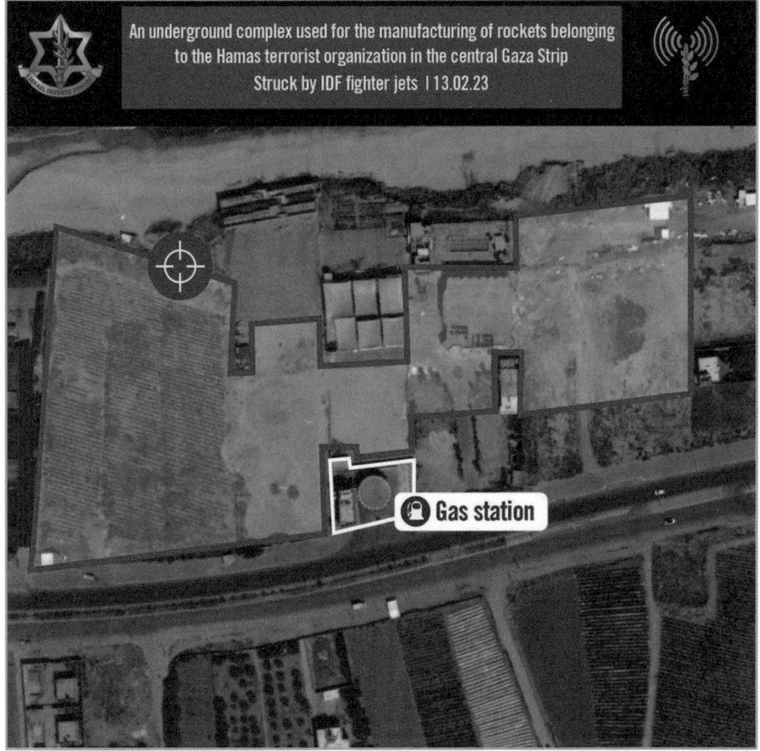


△ 이스라엘 국방부가 공개한
민간 지역에 있는 하마스의 로켓 발사 장소[21)]

▽ 이스라엘 국방부가 공개한
가자 지구 중앙에 위치한 하마스의 지하 로켓 제작 시설 위치[22)]

적 공격을 자행하고 있다고 홍보했다.

현재 이스라엘은 인지전을 위해 국제 사회에 자신들의 입장을 알리기 위한 전문적인 인력을 배치하고 여러 소셜 미디어 계정을 운용 중이다.

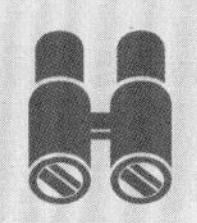

현대의 정치, 경제, 산업, 문화는 도시를 중심으로 발전하고 있다. 20세기 후반 들어 도시화 및 도시로의 인구 집중 현상이 급격히 진행되면서 기존의 도시가 비대해지고 새로운 도시가 우후죽순으로 생겨나고 있다. 1950년 세계의 도시 인구는 7억3,000만 명으로 세계 인구의 29% 정도였는데, 2030년에는 세계 인구의 60%가 도시 지역에 거주할 것으로 예측된다.

도시로 인구가 집중하면서 인구 1,000만 명 이상의 거대 도시인 이른바 메가시티Megacity가 탄생했다. 메가시티의 수는 계속 증가하는 추세다. 현재 메가시티는 30여 곳 정도이나 2050년에는 2배로 증가할 것이며, 지역적으로는 아시아·태평양 지역에서 급격하게 늘어날 것으로 예상된다.

메가시티는 군사 작전에도 많은 영향을 미친다. 미국 육군은 2010년대 초반부터 미래전이 메가시티 작전이 될 가능성이 클 것으로 보고 준비에 돌입했다.★

# 6장

# 메가시티 작전

# 복잡한 메가시티 작전

시가전으로 불리는 도시 지역 작전은 오래전부터 어려운 작전이었다. 도시의 건물들은 군대의 기동에 장애물이었고, 잔해는 적에게 은신처가 됐다. 이 때문에 아군 피해와 더불어 민간인 피해도 컸다. 이라크전에서 미군은 반군을 상대로 여러 도시에서 전투를 치렀는데, 병력 피해가 컸고 비용도 많이 들었다. 오폭으로 이라크 민간인 피해까지 발생하면서 미국 정부는 상당한 정치적 부담을 지지 않을 수 없었다.

메가시티에서의 군사 작전은 기존 도시 지역의 작전과는 비교할 수 없을 정도로 복잡하다. 1,000만 명 이상의 인구, 그리고 이들의 활동과 생활을 지원하는 다양한 인공 구조물과 기반 시설은 광범위한 지역에 걸쳐 작전을 방해한다. 도시 내부에서는 대규모 병력과 장비를 움직이기 어렵고, 수많은 건물과 거리는 전력의 분산을 강요한다. 또한 수직으로 올라간 높은 건물의 내부를 파악하는 일이 중요함에도 하나하나 확인하는 게 불가능하다.

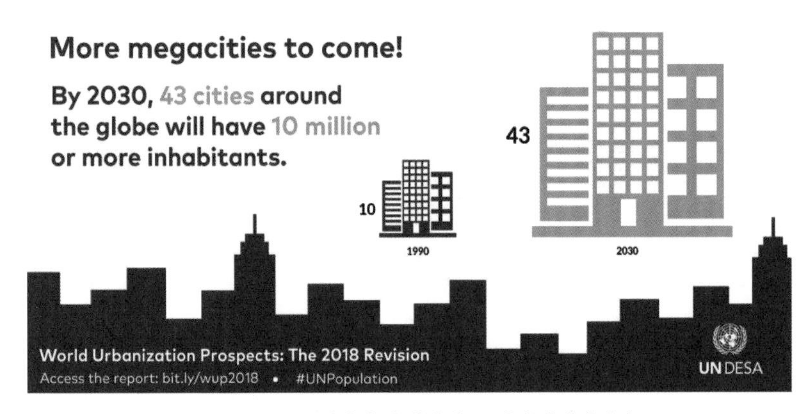


△ UN은 2030년까지 전 세계에 43개의 메가시티가 생길 것으로 전망한다.[23)]

대부분의 현대적인 군대는 과거에 비해 병력이 크게 줄어들었기 때문에 외부에서 메가시티로 적이 침투하는 것을 막기 어렵다. 침투한 적들은 건물, 거리, 지하 공간 등을 이용해 빠르게 이동할 수 있다. 이들을 찾아내 타격을 주기 위해 항공 자산을 동원한다 해도 건물들이 방해가 된다. 반대로, 소수의 적이 저렴한 상업용 드론으로 아군에게 피해를 줄 수 있다.

도시에 남은 주민 또한 위협 요소다. 인터넷망과 이동 통신을 차단하기 어렵고, 비협조적인 주민들이 올린 사진이나 영상이 소셜 미디어에 퍼져 아군의 작전이 노출될 수 있다. 적들도 소셜 미디어로 심리전이나 여론전을 펼치거나, AI를 활용한 가짜 뉴스를 만들어 혼란을 부추길 수 있다.

# 미국의 준비

미국은 이라크 전쟁을 치르는 동안 팔루자를 비롯한 여러 도시에서 전투를 벌였고, 거기서 얻은 교훈으로 메가시티 같은 미래 도시 지역에서의 작전을 준비하게 됐다. 2011년 9월 38대 미국 육군 참모 총장에 임명된 오디에르노 장군과 그 후임으로 2015년 8월 임명된 밀리 장군은 메가시티가 미래에 중요한 전장이 될 것임을 예상했다.

두 육군 참모 총장의 관심으로 인해 미국 육군은 관련 연구를 진행했고, 2014년 6월 미국 육군 전략 연구단에서 '메가시티와 미국 육군 - 복잡하고 불확실한 미래에 대한 준비'라는 제목의 연구 보고서를 발간했다.

### 미국 육군에 새로운 교훈을 준 모술 전투

2011년 3월 시작된 시리아 내전 동안 정부군과 반군의 틈에서 IS 같은 이슬람 극단주의 무장 세력들이 생겨났다. 이들은 시리아의 동부 지역을 장악하면서 세력을 넓혀갔고, 2014년 6월에는 인구 250만 명의 이라크 제2의 도시 모술과 인근 유전 지역을 점령했다.

이라크군은 모술을 탈환하기 위해 공격했지만 번번이 실패했다. 그러다 2016년 11월부터 미국의 지원을 받아 새로운 작전을 시작했다. 외곽 포위망을 형성하고, 모술 동쪽 지역의 IS를 소탕하고, 다시

▷
2017년 9월 발간된 미국 육군의 모술 전투 연구 보고서 표지[24)]

모술 서쪽 지역의 IS를 소탕하는 단계적 작전을 펼쳤던 것이다. 그러고 나서 마침내 2017년 7월 20일 모술 탈환을 선언했다. 하지만 9개월 가까이 치러진 전투로 이라크군 1,000~2,000명, IS 1만6,400명, 민간인 926명이 사망하고 8만2,000명 이상의 피난민이 발생하는 등 적지 않은 인적, 물적 피해가 발생했다.

미국 육군은 모술 전투에서 다음과 같은 다섯 가지 교훈을 얻었다. 1) 대도시를 완전히 고립시킬 수 없다. 2) 대도시에서 작전이 진행될수록 공격하는 쪽의 기동 거리는 짧아지지만 사상자가 급증한다. 3) 공격하는 쪽은 최대 이점인 주도권을 상실하게 된다. 4) 대도시는 공격하는 쪽과 방어하는 쪽 모두에게 작전을 지속할 수 있는 지원 자산을 제공한다. 5) 공격하는 쪽이 대도시에서 승리하려면 주민들의 마음을 사로잡아야 한다.

## 미국 육군의 연구

모술 전투가 벌어지기 전인 2016년 8월 미국 워싱턴 DC의 조지타운 대학교에서 '매드 사이언티스트 콘퍼런스'라는 행사가 개최됐다. 이 행사는 민·관·군·산·학·연 전문가들의 형식에 얽매이지 않은 자유로운 토론을 위해 마련된 자리였다.

여기서 초밀집된 거대 도시 환경, 메가시티에서의 하이브리드전과 사이버전, 메가시티에 적합한 정보 분석 체계의 발전 방향이 논의됐다. 전문가들은 미국 육군이 메가시티의 도전 요소를 극복하려면 첨단 과학 기술을 활용한 혁신적인 방안이 필요하다고 입을 모았다.

미국 육군 교육 사령부는 콘퍼런스에서 논의된 주요 내용들을 정리해 발간한 보고서에서 초밀집성, 초연결성, 위협의 다양성이라는 미래 메가시티의 특성을 제시했다.

**| 초밀집성 |**

1) 빠른 도시화로 도시 인프라가 확장되고 도시 밀도가 증가할 것이다. 2) 밀집된 데이터, 사람, 기반 시설로부터 도전 과제가 발생할 것이다. 3) 분산된 수많은 기반 시설, 지하 공간 등에 대한 자료 수집에 한계가 있을 것이다. 4) 고층 빌딩과 지하에서의 전투가 육군의 작전, 자유로운 이동, 부대 방호 등을 어렵게 만들 것이다.

**| 초연결성 |**

1) 물리적 공간과 비물리적 공간이 얽혀 있는 메가시티에서 작전 지역을 명확하게 구분하는 게 어려울 것이다. 2) 초연결 네트워크를 통한 정보, 이데올로기, 첨단 무기의 확산은 거대 도시의 불안정성을 증폭시킬 것이다. 3) 메가시티에서 발생한 질병은 전 세계에 영향을 미칠 수 있다.

**| 위협의 다양성 |**

1) 강, 호수, 바다 주변에 형성된 메가시티는 홍수, 허리케인, 태풍, 쓰나미 등 자연재해에 취약할 것이다. 2) 개발 도상국의 빠른 도시화로 메가시티의 시민들은 감염병에 노출될 가능성이 크다. 3) 미래 메가시티에서 군은 공포, 거짓 정보, 폐기물 등에 직면하게 될 것이다.

미국 육군은 이후에도 여러 차례 매드 사이언티스트 콘퍼런스를 개최했다. 특히 2019년 7월에는 쓰나미와 지진에 취약한 일본 도쿄에서 행사를 개최해 눈길을 끌었다.

한편, 2018년 7월 1일에 창설된 미국 육군의 미래 사령부도 메가시티 작전을 준비하고 있다. 미국 육군은 여러 영역에서 유무인 복합 전투 체계를 활용하고, AI에 의해 분석된 정보로 최선의 방법을 권고하는 체계를 준비 중이다.

이외에도 메가시티 작전을 위해 '합성 훈련 환경'이라는 가상 현실과 증강 현실을 접목한 훈련 환경을 만들고 있다. 합성 훈련 환경은 전 세계 모든 전장을 3D 가상 현실로 구현하고, 실기동 훈련과 시뮬레이터 등을 사용한 가상 훈련을 하나로 통합하는 과학화 훈련 프로그램

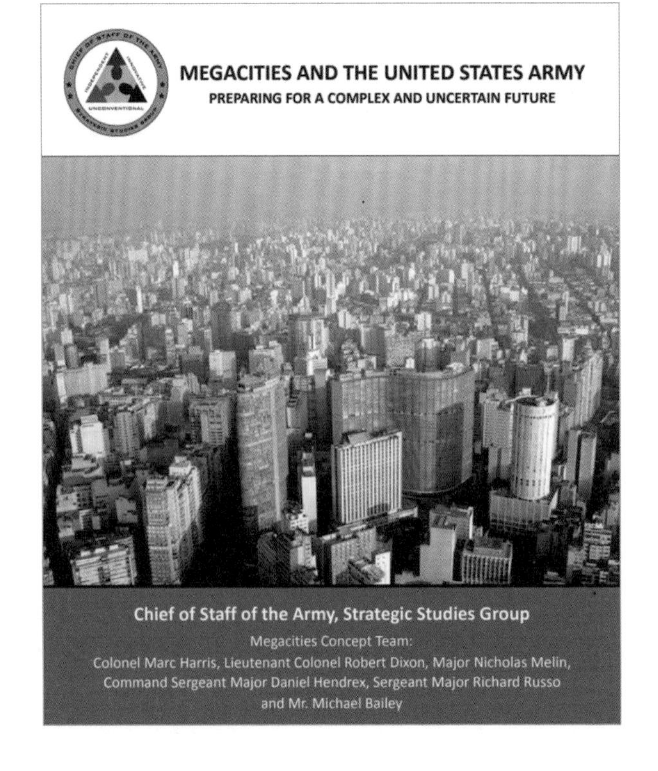


▷ 2014년 미국 육군 전략 연구단이 발표한 메가시티 관련 보고서 표지[25)]

이다. 미국 육군은 합성 훈련 환경에서 다른 대륙의 메가시티 특성을 구체적으로 묘사할 전문성이 없기 때문에 국내외 민·관·군·산·학·연과의 협력을 중요하게 여기고 있다.

지금까지 미디어에 많이 등장하지만 정확한 뜻을 알기 어려웠던 용어들을 소개했다. 이 용어들은 과거에는 존재하지 않다가 전략과 전술 변화에 따라 새롭게 만들어진 것으로, 앞으로도 새로운 용어들이 계속해서 등장할 것이다.

소개한 용어 가운데 회색 지대 전략과 인지전은 비단 다른 나라만의 문제가 아니다. 북한은 물론 중국도 우리나라 국민들을 대상으로 꾸준하게 인지전을 시도하고 있기 때문이다. 그러므로 인지전처럼 인식하지 못하는 사이에 벌어지는 문제에 대해 정부와 군, 미디어, 그리고 국민들 모두가 철저히 대비할 필요가 있다. 정부는 외부 세력의 가짜 뉴스 배포와 같은 인지전 시도를 철저하게 감시해야 하며, 미디어는 속보 경쟁에만 빠져 사실 확인 없이 무분별하게 보도하는 행태에서 벗어나야 한다. 국민들 또한 인지전을 제대로 이해하고 여기에 휘둘리지 않아야 한다.

# 5부. 세계 무기 시장 경쟁

군대는 군복, 방탄 헬멧, 소총 같은 기본 장비에서 전차, 전투기, 미사일 같은 첨단 무기에 이르기까지 다양한 것들을 사용한다. 이 가운데 국방력에 중요한 총, 포, 탄약, 함선, 항공기, 전자 장비 등을 개발하고 생산하는 산업을 '방위 산업'이라 한다.

세계 대부분의 국가가 군대를 보유하고 있지만 무기와 장비를 생산할 수 있는 방위 산업 능력을 갖춘 국가는 적다. 따라서 많은 국가들이 필요한 무기와 장비를 수입해야 하며, 이들을 대상으로 한 수출 경쟁 역시 치열하다.

방위 산업 제품의 수출과 수입은 단순히 가격과 성능으로 정해지지 않고 국제 질서와 이해관계에 따라 결정된다. 수입국은 수출국에 다양한 방법으로 구매에 따른 대가나 차관을 요구한다. 일부 국가는 자국의 대외 정책에 따라 수출을 금지하기도 하고, 이 틈을 다른 국가가 비집고 들어가기도 한다.

지금부터 방위 산업 제품의 수출입 흐름과 치열한 경쟁이 벌어지는 세계의 방위 산업에 대해 소개한다.

일반적으로 국방비가 늘어난다는 것은 위협이 커졌다는 것을 의미한다. 한 국가나 동맹의 국방비 증액은 무기 구입 증가로 이어지고, 이에 대응해 상대편도 국방비와 무기 구입을 늘리면서 연쇄 효과를 일으킨다. 최근 세계는 대만에 대한 중국의 위협, 러시아의 우크라이나 침공, 북한의 핵과 미사일 등 다양한 불안 요소 때문에 앞다퉈 국방비를 증액하고 치열한 무기 도입 경쟁을 벌이고 있다. ★

# 1장

# 세계의 움직임

# 꾸준한 상승세를 보이는 전 세계 국방비 지출

군대를 위해 무기와 장비를 자국에서 만들거나 수입하려면 국방비라는 항목의 예산이 필요하다. 최근 세계 여러 곳에서 긴장이 높아지는 추세이고 일부 지역에서는 무력 충돌까지 발생하고 있는데, 이런 상황은 국방비 증액 경쟁을 불러일으킨다.

스웨덴 정부가 설립한 외교 정책 연구소인 스톡홀름 국제 평화 연구소SIPRI에 의하면, 2022년 전 세계 국방비 지출은 2021년과 비교해 3.7% 증가한 2조2,400억 달러로 냉전 말기를 넘어 사상 최고치를 기록했다. 특히 3대 지출국인 미국, 중국, 러시아가 2022년 전 세계 국방비 지출의 56%를 차지했다. 미국은 2021년보다 0.7% 증가한 8,770억 달러를 지출했는데, 전 세계 국방비 지출의 39%에 달하는 수치였다. 중국은 2021년보다 4.2% 증가한 2,920억 달러로 13%를 차지했고, 러시아는 2021년보다 9.2% 증가한 864억 달러로 3.9%를 차지했다. 미국은 우크라이나에 대한 군사 지원이, 러시아는 우크라이나에서 사용한 전쟁 비용이 국방비 증액의 주요 원인으로 꼽혔다.

지역별로는 유럽 국가들이 13% 증가한 4,800억 달러를 지출했는데, 2013년과 비교해 38% 늘어났다. 중부 유럽 및 서유럽 국가들은 2021년 대비 3.6% 늘어난 3,450억 달러를 지출했는데, 2013년에 비해 30% 늘어났다. 러시아의 위협을 직접적으로 받는 동유럽 국가들은 2021년 대비 58% 늘어난 1,350억 달러를 지출했다. 유럽 국가에서 국방비 지출 증가가 두드러진 국가는 폴란드였다. 폴란드는 2022년 국내 총생산GDP의 2.4% 수준이었던 국방비를 2023년에 GDP의 4%로 늘리기로 했다. 이는 그리스의 3.7%보다 높은 유럽 최고 수준이다.

SIPRI는 오세아니아와 아시아 지역을 하나로 묶어 분석했다. 이 지역의 2022년 국방비 지출은 2021년 대비 2.7% 증가한 5,750억 달러로, 2013년 대비 45% 증가한 수치다. 중국, 인도, 일본이 증가를 주도했고 이 지역 지출의 73%를 차지했다.

세부 지역별로는 2021년 대비 중앙아시아 -29%, 동아시아 3.5%, 남아시아 4%, 동남아시아 -4%, 오세아니아 0.5% 등의 증감률을 보였다. 이 가운데 가장 많은 국방비를 지출하는 곳은 중국, 일본, 대만, 우리나라가 포함된 동아시아다. 이 지역의 2022년 국방비 지출은 2021년 대비 3.5% 늘어난 3,970억 달러이며, 중국이 74%, 일본이 12%, 우리나라가 12%를 차지했다. 중국의 대만 위협과 북한의 핵, 미사일로 인한 긴장이 이 지역 국방비 지출 증가의 주요 원인이다. 특히 동아시아에서 일본의 국방비 지출 증가가 눈에 띈다. 일본의 2022년 국방비 지출은 2021년 대비 5.9% 늘어난 460억 달러로, 2013년 대비 18% 늘어났다. 일본은 암묵적으로 지켜온 GDP 대비 1% 국방

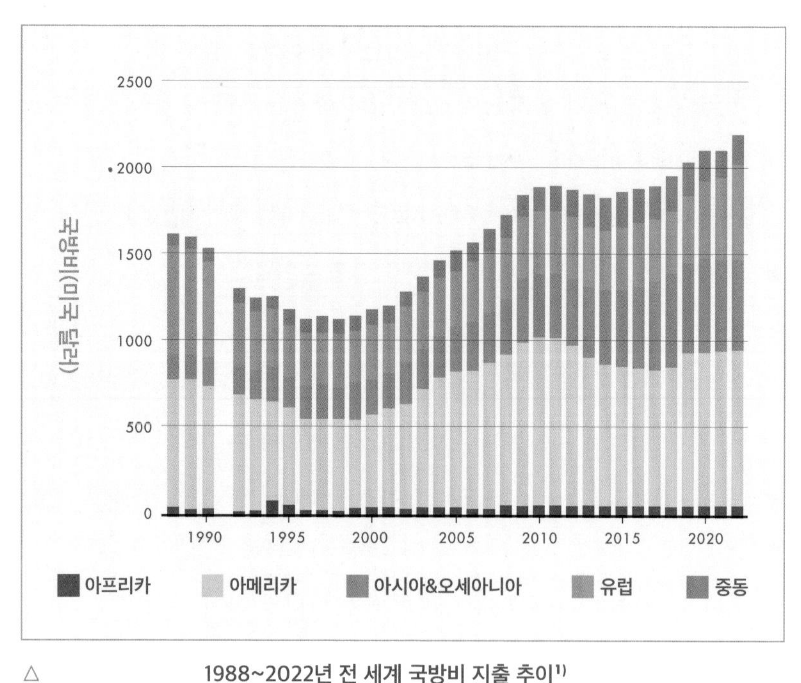


△ 1988~2022년 전 세계 국방비 지출 추이[1]

비 정책을 폐기하고 2027년까지 GDP의 2%까지 국방비를 늘릴 예정이다.

세계의 다른 지역들은 대부분 감소했다. 아메리카 지역은 북미만 0.7% 늘었고, 중미와 카리브 지역 -6.2%, 남미 -6.1%로 감소했다. 중동 지역은 3.2% 증가했고, 아프리카 지역은 북아프리카 지역 -3.2%, 사하라 이남 지역 -7.3%로 감소했다.

## 미국과 중국의 국방비 경쟁

현재 세계의 국방비 경쟁을 주도하는 나라는 국방비 지출 세계 1위인 미국과 2위인 중국이다.

미국은 2001년 9·11 사태를 겪은 후 2002년부터 2011년까지 테러와의 전쟁을 위해 꾸준히 국방비를 늘려왔다. 이후 이라크 전쟁이 마무리된 2012년부터 2015년까지 하락세를 보이다가, 2016년부터 중국, 러시아와 강대국 경쟁을 준비하면서 다시 국방비를 늘리기 시작했다. 미국의 국방비는 2020년에 2011년 수준을 넘어섰고 앞으로 계속 증가할 것으로 예상된다.

중국의 국방비는 1997년 175억8,000만 달러로 러시아와 같은 수준을 기록한 이후 계속해서 높은 증가율을 유지하고 있으며, 실제 국방비는 더 많을 것으로 예상된다. 해외 전문가들은 국방 분야 예산을 민간 부문에 섞어 편성하는 등 국방비에 포함되지 않은 숨겨진 지출이 중국에 많을 것으로 보고 있다.

SIPRI는 2021년 1월 발표한 보고서에서 자체 분석 모형을 토대로 중국이 공식 발표한 국방비와 실제 추정 국방비를 비교했다. 보고서에 따르면, 2019년 중국 국방 예산이 1조2,130억 위안으로 발표됐지

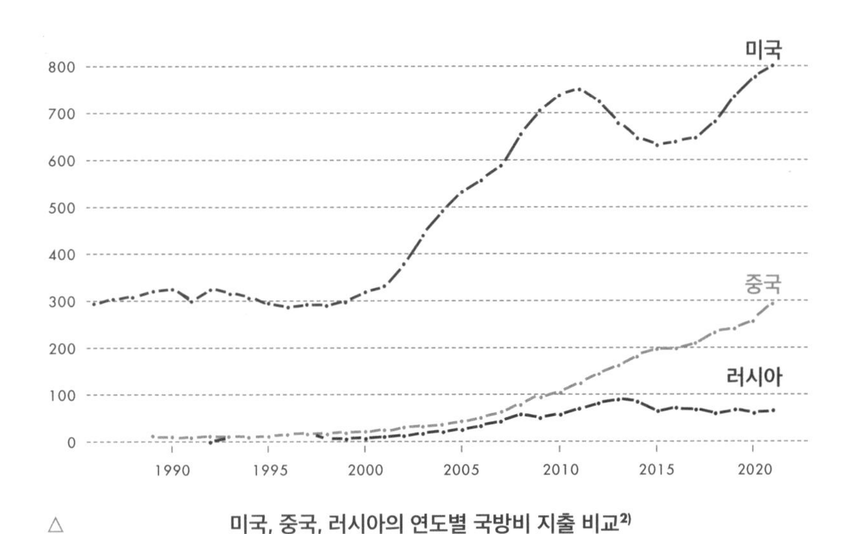


△ 미국, 중국, 러시아의 연도별 국방비 지출 비교[2]

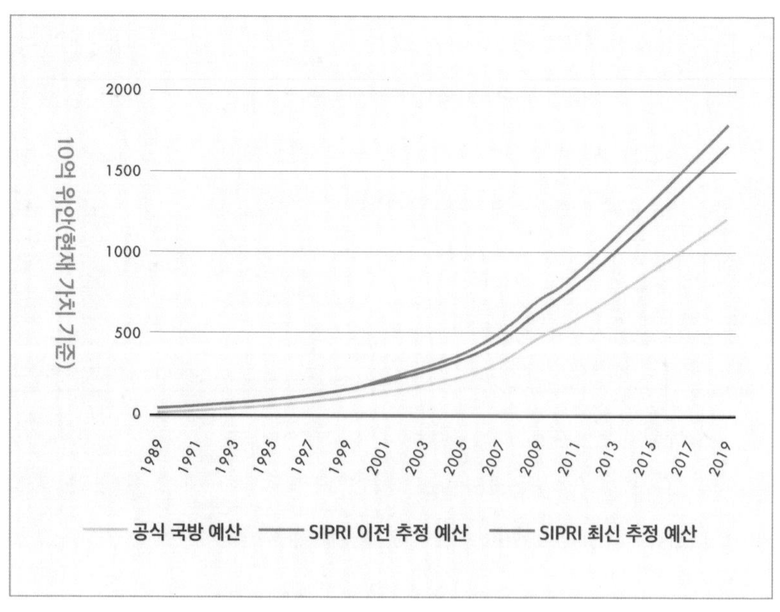


△ 1989~2019년 중국이 발표한 국방비와
SIPRI가 자체 모델로 추정한 국방비 비교[3)]

만 무기 수입과 군 소유 기업 관련 보조금 등을 반영한 실제 지출은 37% 늘어난 1조6,600억 위안으로 추정된다.

미국의 국제 전략 문제 연구소CSIS도 중국의 군 최고 기관인 중앙 군사 위원회 직속의 무장 경찰 예산, 우주 프로그램 예산, 해안 경비대 예산 등이 국방 예산 항목에서 빠져 있다면서 중국 국방 예산의 불투명성을 지적했다. 인도-태평양 지역에서 중국 세력의 확장을 막으려는 미국은 중국의 투명하지 않은 국방비 지출 통계를 위협적으로 받아들이고 있다.

# 무기 수입

## 동향

한 국가의 국방비 증가는 군 인건비나 기존 전력 유지에 필요한 비용이 늘어난 것을 반영하는 동시에, 전력 증강을 위한 무기 구입이 증가했음을 나타내기도 한다. 무기 구입 방식은 자체 생산할 수 있는 무기 및 장비의 국내 구입과 다른 나라로부터의 수입으로 나눠진다.

전 세계 무기 수입 및 수출 통계에는 SIPRI가 매년 발표하는 자료가 주로 사용된다. SIPRI는 5년치 기록으로 통계를 작성한다. 이를테면, 2022년 3월에 발표한 자료는 2018~2022년 수치를 기반으로 한다. 이때 북한, 아랍에미리트 등 통계 파악이 어려운 일부 국가는 제외된다.

SIPRI의 2022년 3월 발표에 의하면, 세계 1위 무기 수입국은 전 세계 무기 수입량의 11%를 들여온 인도다. 2위는 9.6%의 사우디아라비아, 3위는 6.4%의 이집트, 4위는 4.7%의 호주, 5위는 4.6%의 중국이었다. 세계 최고의 기술을 가진 미국도 수입량의 2.4%를 차지하

| 순위 | 수입국 | 수입 비중(%) |
|---|---|---|
| 1 | 인도 | 11 |
| 2 | 사우디아라비아 | 9.6 |
| 3 | 카타르 | 6.4 |
| 4 | 호주 | 4.7 |
| 5 | 중국 | 4.6 |
| 6 | 이집트 | 4.5 |
| 7 | 대한민국 | 3.7 |
| 8 | 파키스탄 | 3.7 |
| 9 | 일본 | 3.5 |
| 10 | 미국 | 2.7 |

△ SIPRI 2018~2022년 무기 수입 상위 20개국[4)]

면서 세계 13위 수입국에 이름을 올렸다.

이 기간에 전 세계 무기 수입은 2013~2017년과 비교해 5.1% 감소했다. 단, 러시아의 침공을 받은 우크라이나는 무기 수입량이 2013~2017년 대비 8,641%로 크게 증가했다. 러시아의 우크라이나 침공은 다른 유럽 국가들의 무기 수입에도 영향을 줬다(영국 31%, 노르웨이 285%, 네덜란드 307%, 폴란드 64% 증가). 유럽 전체로 본다면 2013~2017년 세계 무기 수입의 11%를 차지하던 것에서 2018~2022년에는 16%로 늘어났다.

유럽 외에 동아시아와 오세아니아 지역의 무기 수입도 늘어났다. 동아시아에서는 중국이 41%, 우리나라가 61%, 일본이 171% 증가했고, 오세아니아에서는 호주가 23% 증가했다. 이에 비해, 아프리카는

-40%, 아메리카는 -21%, 중동은 -8.8%, 동남아시아는 -42%로 감소했다. 이들 지역의 무기 수입량 감소는 코로나19 대유행으로 인한 경제난이 주요 원인으로 꼽혔다.

# 무기 수출국

## 경쟁

늘어난 무기 수요는 수출국에게 놓칠 수 없는 기회다. SIPRI에 의하면, 2018~2022년 다른 국가에 주요 무기를 수출한 국가는 63개다. 상위 25개 국가가 전체 무기 수출의 98%를, 그 가운데 상위 5개국인 미국, 러시아, 프랑스, 중국, 독일이 전체 수출의 76%를 차지했다.

세계 1위 무기 수출국은 전 세계 수출량의 40%를 차지한 미국으로, 2013~2017년 대비 14% 증가했다. 2위는 16%를 차지한 러시아로, 2013~2017년 대비 -31%로 감소했다. 3위는 11%를 차지한 프랑스로, 2013~2017년 대비 44% 증가했다. 4위 중국은 5.2%, 5위 독일은 4.2%를 차지했다. 우리나라는 2.4%로 9위를 기록했고 2013~2017년 대비 74% 늘었다.

| 순위 | 수출국 | 수출 비중(%) |
|---|---|---|
| 1 | 미국 | 40 |
| 2 | 러시아 | 16 |
| 3 | 프랑스 | 11 |
| 4 | 중국 | 5.2 |
| 5 | 독일 | 4.2 |
| 6 | 이탈리아 | 3.8 |
| 7 | 영국 | 3.2 |
| 8 | 스페인 | 2.6 |
| 9 | 대한민국 | 2.4 |
| 10 | 이스라엘 | 2.3 |

△ SIPRI 2018~2022년 무기 수출 상위 20개국[5)]

## 미국

미국은 2018~2022년 103개 국가에 무기를 수출했다. 이 중 41%는 중동, 32%는 아시아 및 오세아니아, 23%는 유럽으로 향했다. 미국의 10대 수출국은 사우디아라비아, 카타르, 쿠웨이트, 아랍에미리트, 호주, 일본, 한국, 영국, 네덜란드, 노르웨이였다. 지역적으로는 러시아와의 긴장이 높아진 유럽으로의 수출이 많이 증가했다. NATO 동맹국인 튀르키예에 대한 수출은 양국의 관계가 악화되면서 크게 줄었다.

미국의 무기 수출은 중동에서 큰 위기를 맞고 있다. 특히 사우디아라비아는 다양한 분야에서 미국과 의견 차이를 보였고, 미국 의회에서는 첨단 무기 수출을 금지하자는 주장까지 대두되고 있다. 다른 중동 국가 역시 미국 대신 우리나라, 프랑스, 중국제 무기를 도입하는 경우가 늘면서 앞으로 미국의 중동 지역 수출에 영향을 줄 것으로 예상된다.

그러나 오랫동안 미국에 의존해오며 많은 미국제 무기를 도입했고 미국의 외교적 위상도 있기 때문에 관계 단절 상태까지는 가지 않을 것으로 전망된다. 미국 역시 F-35 등 첨단 무기에 대한 수출 요건은 까다롭게 유지하고 있지만, 패트리어트 미사일 같은 방어용 무기에 대해서는 수출 금지를 주장하지 않고 있다.

## 러시아

같은 기간 러시아는 47개 국가에 무기를 수출했다. 러시아는 수출량의 65%를 아시아 및 오세아니아, 17%를 중동, 12%를 아프리카에 팔았다. 러시아의 주요 무기 수출국은 인도(31%), 중국(23%), 이집트(9.3%)다.

러시아의 수출은 2013~2017년 대비 -31%로 크게 줄었는데, 2014년 크름 반도 강제 합병과 2022년 2월 우크라이나 침공에 대한 국제 제재의 영향 때문인 것으로 분석된다.

러시아의 3대 무기 수출국에 대한 전망도 밝지 않다. 전투기, 전차 등 핵심 무기 체계를 오랫동안 러시아에 의존해왔던 인도에 대한 수출은 2013~2017년 대비 37% 감소했다. 앞으로 인도의 자체 개발과 미국 및 유럽 업체의 인도 진출로 러시아 무기에 대한 의존은 더욱 낮아질 것으로 예상된다. 중국 또한 주요 무기 체계의 국내 개발 및 생산을 늘리면서 러시아에 대한 의존도가 낮아지고 있다. 미국 정부로부터 군사 원조를 받는 이집트는 2022년 수호이-35 전투기 도입을 취소하

△ 국제 사회의 제재로 이집트, 인도네시아 등에서 도입을 철회한 러시아제 수호이-35 전투기[6]

는 등 앞으로 러시아제 무기를 도입할 가능성이 희박하다.

러시아 내부적으로도 우크라이나와의 전쟁에 필요한 무기 생산을 수출용 무기 생산보다 우선시하면서 수출이 어려워지고 있다.

## 프랑스

세계 3위 무기 수출국 프랑스는 아시아와 오세아니아에 44%, 중동에 34%를 수출했다. 프랑스의 최대 수출국은 전체 수출의 30%를 차지한 인도였고, 카타르와 이집트를 합하면 전체 수출의 55%가 3개국으로 향했다.

프랑스의 수출 증가는 미국과 러시아의 자리를 대신하면서 발생했다. 아랍에미리트는 미국이 중국제 5G 장비 도입 등의 이유로 F-35 수출을 허가하지 않자 2021년 12월 라팔 전투기 80대를 주문했다. 인도네시아는 러시아에서 수호이-35 전투기를 도입하려 했지만 미국의 압력으로 포기하고 대신 2022년 라팔 전투기 44대 도입을 결정했다. 이집트도 미국이 장거리 무기 수출을 금지하자 프랑스에서 라팔 전투기와 순항 미사일을 도입했다.

## 중국

세계 4위 무기 수출국 중국은 2013~2017년 대비 23% 감소했다. 중국은 46개 국가에 무기를 수출했는데, 아시아 및 오세아니아가 80%로 대부분을 차지했다. 이 가운데 파키스탄에 대한 수출이 54%였다.

SIPRI 자료에는 없지만, 중국은 최근 미국과 긴장이 높아지고 있는 중동 국가들과 협력을 강화하고 있다. 사우디아라비아는 몇 년 전부터 중국 업체와 협력해 무인 항공기 공장을 건설했고, 탄도 미사일 프로그램도 중국의 지원을 받았다. 아랍에미리트는 2023년 L-15 훈련기와 AR3 장거리 다연장 로켓 도입 계약을 체결했다. 2022년에는 이집트가 HQ-17A 지대공 미사일 도입을 논의 중이라는 보도가 나오기도 했다.

## 기타 수출국

세계 5위 독일의 무기 수출은 2013~2017년 대비 -35%로 감소했다. 주요 수출 지역은 중동 36%, 아시아 및 오세아니아 32%, 유럽 20%

다. 이외에 10대 수출국으로 이탈리아, 영국, 스페인, 우리나라, 이스라엘이 있다. 이탈리아의 무기 수출은 2013~2017년 대비 45% 증가했고 67%가 중동에 수출됐다. 같은 기간 대비 영국은 -35%, 스페인은 -4.4%, 이스라엘은 -15%로 수출이 줄었다.

우리나라는 2017년 12위, 2018년 11위, 2019년 10위, 2020년 9위, 2021년 8위로 수출 순위가 꾸준히 상승했다. 2022년에는 9위로 1단계 내려갔지만 수출이 74% 증가하면서 10대 수출국 중 최대 상승률을 기록했다. 우리나라의 수출은 63%가 아시아 및 오세아니아 국가들에 대해 이뤄진 것이나, 2022년 폴란드에서 대규모 주문을 받는 등 우리나라의 무기를 도입하는 지역이 확대되는 추세다.

이 밖에 10위권 국가는 아니지만, 튀르키예는 수출 점유율이 2013~2017년 0.6%에서 2018~2022년 1.1%로 상승하며 세계 12위 수출국이 됐다. 최대 수출국은 카타르, 아랍에미리트, 오만 등 중동이지만, 중앙아시아(아제르바이잔), 아시아(파키스탄, 말레이시아, 인도네시아 등), 아프리카(니제르, 알제리 등)에 대한 수출도 늘어나고 있다. 주요 수출품은 전투 차량과 무인 항공기인데, 전차와 장갑차, 해군 함정, 항공기, 유도무기 등으로 확대를 시도 중이다.

# 무기 수입에서 고려되는 것

무기 수입 조건은 성능과 가격으로 수입이 결정되는 TV, 냉장고, 자동차 등과 다르다. 무기를 수입하려는 국가는 수출국이 자신들과 적대적인 국가와 어떤 관계인지, 자국 산업에 미칠 영향은 얼마나 되는지, 자국 군대와 얼마나 호환되는지 등을 따진다.

## 자국의 이익 우선

우리나라의 경우 외국에서 무기를 도입할 때 자주 언급되는 것이 상호 운용성이다. 상호 운용성의 사전적 의미는 '서로 다른 체계·군·부대 간에 서비스·정보·데이터를 막힘없이 공유·교환·운용할 수 있는 능력'이다. 우리나라에서 도입하는 미국, 유럽제 무기나 장비는 대부분 NATO 기준에 맞춰져 있어 상호 운용성 면에서 문제가 없다.

하지만 모든 수입국이 호환성이나 상호 운용성을 염두에 두는 것

△ 이집트, 아랍에미리트, 인도네시아 등이 수입한 프랑스의 라팔 전투기[7]

은 아니다. 주요 무기 체계를 수입해오던 기존 국가의 요구가 자국의 이익과 맞지 않을 경우 과감히 도입선을 바꾸기도 한다. 대표적인 사례가 이집트와 아랍에미리트의 프랑스제 라팔 전투기 도입이다.

이집트는 미국에서 이스라엘 다음으로 많은 군사 원조를 받아 미국제 M1 에이브럼스 전차와 F-16 전투기를 도입해 운용하고 있다. 그러나 미국이 이집트와 인접한 이스라엘의 안보를 고려해 일부 능력을 제한하고 있다. 예를 들어, 이집트 공군 F-16 전투기는 단거리 공대공 미사일만 운용이 가능하고, 장거리 공대공 미사일과 장거리 공대지 미사일은 운용하지 못한다.

이집트는 인접국인 리비아, 수단 등이 정치적 혼란에 빠지자 첨단 무기의 도입을 통해 국경 지역의 안정을 꾀하고 있다. 이를 위해 프랑스에서 라팔 전투기와 스칼프 공대지 순항 미사일, 우리나라에서 K9 자주포를 도입하는 등 도입선을 다변화하고 있다.

## 절충 교역과 산업 협력 - 경제적, 산업적 이익 실현

일반적으로 무기 수입은 많은 예산이 필요하다. 일부 국가에서는 무기를 수입할 때 반대급부로 기술 이전, 부품 제작·수출, 군수 지원, 수입국이 생산하는 무기 구매 등을 요구하는데, 이를 절충 교역이라 한다. 절충 교역은 수입국이 정한 법률에 따라 금액 대비 규모나 이행의 형태가 결정된다. 절충 교역이 너무 강조될 경우 도입 비용에 전가돼 도입 가격이 오를 수 있다.

일반적으로 개발 도상국들은 선진국의 무기를 수입하면서 절충 교역을 통해 이전받은 기술과 노하우를 자체 산업 발전에 활용한다. 우리나라도 과거에 절충 교역을 활용해 방위 산업과 항공 산업을 발전

△ 우리나라의 K2 전차 기술을 이전받은 튀르키예의 알타이 전차[8)]

시켜왔다. 반대로, 우리나라가 외국에 무기를 수출하면서 기술을 이전해 현지화된 무기가 생산되는 경우도 있다. 튀르키예가 국산 K2 전차 기술을 이전받아 만든 알타이 전차가 그 예다.

하지만 산업이 발전한 국가일수록 절충 교역의 효과가 떨어지면서 다른 방식이 검토되기 시작했다. 이에 유럽 국가를 중심으로 절충 교역을 대신해 수입국 방위 산업과 수출국 방위 산업 사이의 협력을 의미하는 '산업 협력'으로 방향을 틀기 시작했다. 우리나라도 2018년부터 절충 교역 대신 산업 협력 쪽을 택하고 있다.

산업 협력에는 수입하는 무기에 일정 비율의 자국산 부품을 사용하도록 하는 방법이 사용된다. 이를 위해 수출하는 국가나 기업에서 기술 이전을 받게 된다. 이 과정에서 부품을 생산하는 기업을 통해 고용을 창출하고, 현지에서 생산된 부품을 사용해 군이 무기를 안정적으로 운용할 수 있게 된다.

그러나 수입하는 국가의 기술 수준이 높으면 수출국과 기술 이전 협의가 어려워질 수 있다. 우리나라도 방위 산업 기술이 발전하면서 다른 나라와의 경쟁을 우려해 기술 이전을 거부하는 경우가 늘고 있다.

무기 수출 시장에서는 국가 간 경쟁뿐만 아니라 국방에 필수적인 무기와 장비를 만드는 방위 산업체 사이의 경쟁도 치열하다. 방위 산업체들은 자체 개발한 무기와 장비를 자국 군대가 채택하고 해외 시장에 수출하기 위해 경쟁한다.

과거에는 군이 개발한 앞선 국방 기술이 민간 분야로 전파되는 스핀 오프가 대세였지만, 현재는 앞선 민간 기술이 국방 분야로 전파되는 스핀 인의 시대가 됐다. 세계 무기 시장을 이끌어가는 미국 역시 첨단 무기에 필요한 기술을 민간에서 찾고 있어 민간 방위 산업체들의 역할이 중요해졌다. 이에 비해 러시아는 대부분의 방위 산업체를 국영 기업 산하에 두면서 극명한 대비를 보이고 있다.

나라마다 사정은 다르나 무기와 장비의 개발 및 생산에 있어 방위 산업체의 중요성은 비등하다.★

# 2장

# 치열하게 경쟁하는 세계의 방위 산업체

# 세계 100대 방위 산업체

세계 무기 시장에서 상위권 국가들의 경쟁이 치열하듯 방위 산업체들도 자신들의 무기와 장비를 자국 군대에 판매하고 수출하기 위해 경쟁한다. 방산 업체들의 성과는 당연히 매출로 드러난다. 그러므로 회사별 자료를 모으면 전체적인 시장의 흐름을 파악할 수 있다.

SIPRI는 매년 말 전년도 매출을 근거로 'SIPRI 톱 100'을 발표하고, 미국의 국방 매체 디펜스 뉴스도 전년도 매출을 근거로 '방위 산업체 톱 100'을 발표한다. 이들 모두 국내외 매출을 통합해 산출하는 방식이라서 수출 시장 외에 전체 방위 산업 시장의 흐름을 알 수 있게 해준다.

두 자료 가운데, SIPRI의 2021년 톱 100은 100개 기업 전체의 매출과 업체가 속한 국가의 전년도 대비 매출 증가율이 제공돼 더욱 자세한 정보를 알 수 있다. 단, 같은 연도를 비교하더라도 두 자료의 군수 부문 매출액과 전체 순위는 다르게 나타난다.

| 순위 | 회사명 | 국가 | 2021년 방산 매출 (억 달러) |
|---|---|---|---|
| 1 | 록히드 마틴 | 미국 | 603.40 |
| 2 | 레이시온 | 미국 | 418.50 |
| 3 | 보잉 | 미국 | 334.20 |
| 4 | 노스롭 그루먼 | 미국 | 298.80 |
| 5 | 제너럴 다이내믹스 | 미국 | 263.90 |
| 6 | BAE 시스템스 | 영국 | 260.20 |
| 7 | NORINCO | 중국 | 215.70 |
| 8 | AVIC | 중국 | 201.10 |
| 9 | CASC | 중국 | 191.00 |
| 10 | CETC | 중국 | 149.90 |

| 순위 | 회사명 | 국가 | 2022년 방산 매출 (억 달러) |
|---|---|---|---|
| 1 | 록히드 마틴 | 미국 | 644.58 |
| 2 | 레이시온 | 미국 | 418.52 |
| 3 | 보잉 | 미국 | 350.93 |
| 4 | 노스롭 그루먼 | 미국 | 314.29 |
| 5 | 제너럴 다이내믹스 | 미국 | 308.00 |
| 6 | AVIC | 중국 | 301.55 |
| 7 | BAE 시스템스 | 영국 | 257.70 |
| 8 | CASC | 중국 | 185.17 |
| 9 | NORINCO | 중국 | 177.11 |
| 10 | L3해리스 | 미국 | 149.24 |

△ SIPRI 2021년 세계 10대 방산 기업[9)]

▽ 디펜스 뉴스 2022년 세계 10대 방산 기업[10)]

## 100대 방산 기업은 누구?

SIPRI와 디펜스 뉴스 모두 2023년 6월 시점의 방위 산업체 순위는 2021년 매출을 기준으로 한다. SIPRI 자료에서 1위 기업은 미국의 록히드 마틴으로, 2021년 군수 부문에서 603억4,000만 달러의 매출을 기록했다. 2021년 민수 부문을 합한 전체 매출 대비 군수 부문 매출은 90%에 달한다. 2위는 2023년 6월 RTX로 사명을 바꾼 미국의 레이시온 테크놀로지스로 418억5,000만 달러, 3위는 미국의 보잉으로 334억2,000만 달러의 매출을 기록했다.

SIPRI 자료에서 100위 업체들의 국적은 미국 40개, 영국 8개, 프랑스 5개, 러시아 6개, 이스라엘 3개, 중국 8개, 일본 4개, 우리나라 4개, 인도 2개, 튀르키예 2개 등이었다. 중국 업체는 2015년 처음 포함된 이후 꾸준하게 자리를 지키고 있고, 우리나라 업체들은 2022년 폴란드와의 계약을 계기로 앞으로 강세를 보일 것으로 예상했다.

SIPRI 자료에 의하면, 세계 100대 방산 기업의 2021년 매출 합계는 2020년과 비교해 1.9% 증가한 5,920억 달러를 기록했다. 2015년부터 완만하나마 상승세를 이어갔고, 2015년 대비 2021년 매출은 19% 상승했다. 하지만 각 업체가 속한 국가별 매출은 미국 -0.9%, 중국 6.3%, 영국 -2.9%, 프랑스 15%, 러시아 0.4%, 이탈리아 15%, 이스라엘 3%, 독일 5.6%, 일본 -1.4%, 우리나라 3.6%로 희비가 엇갈렸다.

디펜스 뉴스 자료에서 1위는 미국의 록히드 마틴이었다. 록히드 마틴은 2021년 군수 부문에서 644억5,800만 달러의 매출을 기록했고, 전체 매출 대비 군수 부문 매출 비중은 96%였다. 2위는 418억5,200만 달러를 기록한 미국의 레이시온 테크놀로지스, 3위는 350억

9,300만 달러를 기록한 미국의 보잉이었다.

디펜스 뉴스의 톱 100에 포함된 회사들의 국적은 미국 46개, 영국 8개, 프랑스 4개, 독일 3개, 이탈리아 2개, 러시아 1개, 이스라엘 3개, 중국 7개, 일본 2개, 우리나라 3개, 튀르키예 3개 등이었다.

# 방위 산업체의 생존 전략

자국과 세계 시장에서 다른 회사들과 경쟁하고 있는 세계 여러 나라의 방위 산업체들은 시장 경쟁에서 살아남기 위해 여러 가지 방법을 강구한다. 그 가운데 국가를 가리지 않고 사용되는 방법으로 인수 합병이 있다.

## 거대화된 미국의 방위 산업체

인수 합병은 미국의 거대 방산 업체들에 의해 1980년대부터 본격적으로 진행되기 시작했다. 그 결과 1980년 51개의 미국 국방부 주계약 업체가 2015년에 보잉, 록히드 마틴, 노스롭 그루먼, 레이시온, 제너럴 다이내믹스의 5개로 통합됐다.[11]

현재 알려진 거대 방위 산업체들의 형태도 1980년대 이후 만들어졌다. 세계 최대의 방위 산업체 록히드 마틴은 1995년 3월 록히드 코

△ 2019년 9월 레이시온과 UTC의 합병 발표처럼
현재도 인수 합병은 계속되고 있다.[11]

퍼레이션과 마틴 마리에타가 합병해 탄생했다. 2015년 7월에는 UH-60 블랙호크 헬리콥터로 유명한 시콜스키를 인수하면서 회전익기 분야까지 사업 영역을 넓혔다.

보잉은 1996년 12월 록웰의 항공 우주 및 방위 산업 부문을 인수했고, 1997년 8월 1일에는 항공 우주 및 방위 산업 부문에서 강력한 경쟁자였던 맥도널 더글러스 코퍼레이션을 인수 합병했다. 2008년 9월에는 소형 무인 항공기 업체인 인시투, 2016년에는 무인 함선 업체인 리퀴드 로보틱스, 2017년에는 자율 비행 및 무인 항공기로 유명한 오로라 플라이트 사이언스를 인수하면서 무인 시스템 분야로 확장을 꾀했다.

B-2 폭격기 제작 업체 노스롭 그루먼은 1994년 노스롭 코퍼레이션이 그루먼 에어로스페이스 코퍼레이션을 21억 달러에 인수하면서 탄생했다. 2017년 9월에는 우주 시스템 분야를 강화하기 위해 오비털 ATK를 인수했다.

2020년 4월에는 레이시온과 유나이티드 테크놀로지스 코퍼레이션UTC이 합병을 마무리하고 레이시온 테크놀로지스 코퍼레이션이 됐다. 이 회사는 순식간에 노스롭 그루먼을 제치고 세계 3위 방위 산업체로 올라섰으며, 2022년에는 SIPRI와 디펜스 뉴스의 100대 방위 산업체 순위에서 록히드 마틴에 이어 세계 2위로 급부상했다.

## 우리나라와 유럽

인수 합병의 사례는 우리나라에도 있다. KT-1, T-50, FA-50, 수리온 등으로 유명한 한국 항공 우주 산업은 1990년대 말 외환 위기를 수습하는 과정에서 정부 주도로 여러 대기업의 항공 사업 부문이 합쳐져 만들어졌다. 민간 주도로 이뤄진 인수 합병으로는 한화그룹이 있다. 한화그룹은 2014년 삼성그룹으로부터 삼성탈레스와 삼성테크윈 등 4개 회사를 인수했고, 현재의 한화시스템과 한화에어로스페이스가 됐다.

유럽은 기업의 인수 합병으로 회사의 소유권이 다른 나라로 넘어가는 데 민감하다. 때문에 2개 이상의 회사가 협력하는 컨소시엄이나 조인트 벤처 설립이 주를 이룬다. 이런 형태로 만들어진 대표적인 기업으로 항공 우주 기업 에어버스와 미사일 전문 업체 MBDA가 있다.

2010년대에도 이와 같은 움직임이 계속돼 2015년 6월 독일의 크라우스 마페이 웨그만KMW과 프랑스의 넥스터가 KNDS라는 조인트 벤처를 만들었다. KNDS는 독일과 프랑스가 2035년 무렵부터 사용할 차세대 전차 개발을 담당하고 있다. 2019년에는 이탈리아의 국영 조선 업체 핀칸티에리와 프랑스의 국영 조선 업체 나발 그룹이 나비리스라는 조인트 벤처를 만들었다.

별도의 회사나 조직을 만들지 않고 공동 프로젝트를 만들어 협력

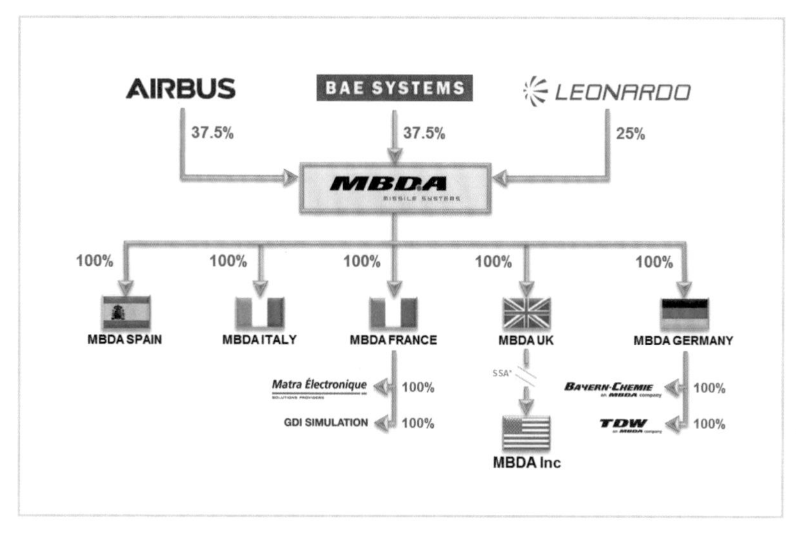


△ 유럽의 방위 산업 컨소시엄으로 탄생한 MBDA[12]

하는 형태도 이어지고 있다. 독일의 에어버스, 프랑스의 닷소 에비에이션, 스페인의 인드라는 2030년대 중반 배치를 목표로 차세대 전투기 FCAS를 개발 중이다.

2020년 1월 31일 EU를 탈퇴한 영국은 BAE 시스템스 주도로 이탈리아의 레오나르도, 스웨덴의 사브와 함께 템페스트라는 차세대 전투기 개발 사업을 진행하다가, 스웨덴 대신 일본이 참여하는 글로벌 전투 항공 프로그램GCAP으로 전환했다.

## 국가 주도의 러시아와 중국

미국과 유럽이 민간 주도로 인수 합병이나 조인트 벤처를 만든 데 비해, 러시아는 2007년 11월 연방 법령에 따라 설립된 국영 기업 로스텍을 통해 자국 방산 업계를 통합·운영하고 있다. 국영 지주 회사인 로

스텍은 700여 개의 방위 산업 및 첨단 업체를 통제하고 있다.

중국은 항공 우주 분야에서 중국 항공 공업AVIC이라는 국영 지주 회사가 선양, 청두 등 여러 항공기 회사들을 거느리고 있다. 조선 분야에서는 2019년 7월 중국 1위 조선 업체인 중국 선박 공업 집단 공사CSSC와 2위 중국 선박 중공업 집단 공사CSIC의 합병을 발표했다.

## 인수 합병의 부작용

인수 합병은 기업들의 경쟁력을 키우는 동시에 부작용을 낳기도 한다.

미국의 싱크 탱크들은 1950년대와 1980년대에는 국방부가 구매력을 활용해 방위 산업체들이 가격과 혁신적 역량을 바탕으로 경쟁하는 건전하고 경쟁적인 시장을 만들었으며, 이 시장은 자유롭고 개방적인 경쟁을 촉진해 미국이 역사상 최고의 군대를 갖추도록 했다는 평가를 내렸다.

반면에, 1990년대에는 국방부가 적극적으로 기업들의 인수 합병을 추진하면서 공급 업체의 수가 줄고 경쟁이 유명무실해져 무기 가격이 폭등하는 원인이 됐다고 평가했다. 바꿔 말해, 국방부의 잘못된 정책의 결과로 무기와 부품의 가격이 상승했고, 국방부는 주문량을 줄이는 악순환에 빠졌다고 비판하는 것이다.

국방부의 구매량이 줄어들면 주요 업체들은 수익을 유지하거나 늘리기 위해 높은 가격으로 협상에 임하게 되고 이는 구매량 감소로 이어진다. 게다가 그동안 미국 국방부 지도자들이 장기 조달 계획을 부실하게 작성하면서 급작스러운 위기 상황에서 필요한 군수품을 빠르게 대량으로 조달하기 어려워졌다. 이런 문제들이 복합적으로 작용하면서 러시아가 우크라이나를 침공한 후 재블린 대전차 미사일과 스팅어 지대공 미사일 등 첨단 무기는 물론, 155mm 포탄 같은 기본적인 군수품마저 생산 라인이 준비돼 있지 않아 빠르게 생산량을 늘리지 못하는 상황에 놓였다.

그럼에도 불구하고 미국의 대형 방위 산업체들은 여전히 세계 1위의 경쟁력으로 세계 방위 산업계와 관련 기술 분야를 선도하고 있다.

세계는 지금도 긴장이 높아지고 충돌이 진행되고 있어 앞으로도 무기 도입 경쟁이 계속될 것으로 보인다. 여기에 코로나19 대유행에서 벗어난 동남아시아 등에서 미뤄왔던 무기 도입 프로그램을 다시 진행하면서 우리나라를 포함해 세계 유력 업체들의 경쟁이 가속화될 것이다.

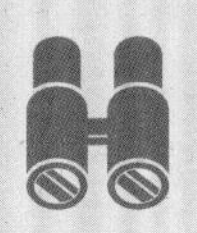

# 6부. 우크라이나 전쟁이 보여준 5가지 교훈

모든 분쟁과 전쟁은 분석돼 다양한 교훈을 남긴다. 우크라이나 전쟁도 시간이 지나면서 러시아군과 우크라이나군이 가진 문제점들이 노출됐고 서방 국가들의 분석이 진행됐다. 일부 분석 결과는 전쟁 초기부터 알려지기도 했다.

전쟁이 시작된 지 3개월이 지난 2022년 5월 말 크리스틴 워머스 미국 육군성 장관은 우크라이나 전쟁이 준 교훈으로 1) 전장 리더십 2) 군수 지원 3) 전자 신호 감소와 휴대 전화 사용 4) 드론 방어 준비 5) 군수품 비축의 다섯 가지를 언급했다.[1]

이후 나온 여러 가지 분석도 워머스 장관이 밝힌 다섯 가지 교훈의 범주를 크게 넘어서지 않되, 서방권의 무기 비축과 생산, 그리고 사이버 공격과 방어에 대한 내용 등이 추가됐다.

지금부터 우크라이나 전쟁에서 도출된 여러 의견을 다섯 가지로 정리해 소개한다.

# 전장 리더십

워머스 장관이 밝힌 첫 번째 교훈은 '전장 리더십'의 중요성이다. 최근 분쟁과 전쟁에 대한 분석은 '나고르노-카라바흐 전쟁에서의 드론 사용'처럼 기술과 장비에 집중됐지만, 우크라이나 전쟁에서는 군 조직, 특히 러시아군의 문제가 부각됐다.

워머스 장관의 발언을 포함해 미국 육군과 해병대 등이 내놓은 여러 분석은 공통적으로 러시아의 군사적 실패의 원인으로서 리더십, 훈련 및 규율의 부족을 지적하고 있다. 리더십은 장교, 부사관, 병사 각자가 부여받은 권한과 책임을 바탕으로 부대를 이끌어가는 것을 말한다. 러시아군의 경우 부대의 허리를 담당하는 부사관에 대한 문제점이 지적됐다.

러시아군 부사관의 첫 번째 문제점은 군 구조에 비해 수가 부족하다는 것이다. 러시아군은 전쟁 이전부터 만성적인 병력 부족을 겪어왔다. 러시아군은 2008~2012년에 군사 개혁을 통해 장교와 부사관으로 구성되는 계약직 군인들이 대다수를 이루는 작지만 잘 갖춰진 군대를 추구했다. 그러다 2013년 이후 강력한 적과의 대규모 전쟁을 염두에 두는 군사 전략으로 회귀하면서 다시 규모를 늘리기 시작했다. 그런데 바뀐 군사 전략에 따라 필요한 병력이 늘어났음에도 주력 편제인 여단은 편성 인원의 70~90%만 채웠다. 러시아군은 2017년까지 42만5,000명, 2019년까지 49만9,200명의 계약직 군인을 목표로 했지만, 실제 계약된 숫자는 2016년 38만4,000명, 2019년 39만4,000명, 2020년 40만5,000명 수준에 그쳤다.

게다가 각 여단에 편성된 인력의 30%는 숙련도가 떨어지는 징집병들로 채워졌다. 러시아는 18~27세 남성 중 징집 대상에 해당하는 이들 가운데 120만 명에게 1년간 병역 의무를 부여하고 있었지만 징집병조차도 목표한 숫자를 채우지 못하는 경우가 비일비재했다.

우크라이나 침공에서 활약한 러시아 육군 대대 전술단에는 700~900명의 병력과 전차 10대, 병력 수송차APC 6대, 보병 전투IFV 40대, 다연장과 자주포를 포함한 포병 체계 12~20문, 대공 방어 차량 10대, 연료 수송 트럭 10대, 공병 지원 차량 5대, 드론 운용 차량 5대 외에 전자전 차량, 회수 차량, 식량 및 식수 운반 차량, 의무 후송 차량, 이동식 조리 차량 등이 추가된다. 이런 구성에서 독립적으로 작전하는 대대 전술단에 필요한 계약직 군인과 징병된 군인이 부족하면 부대가 제대로 운영될 수 없다. 계약직 군인의 부족은 전투병 외에 군수 보급을 위한 수송 부대에도 영향을 미쳤다.

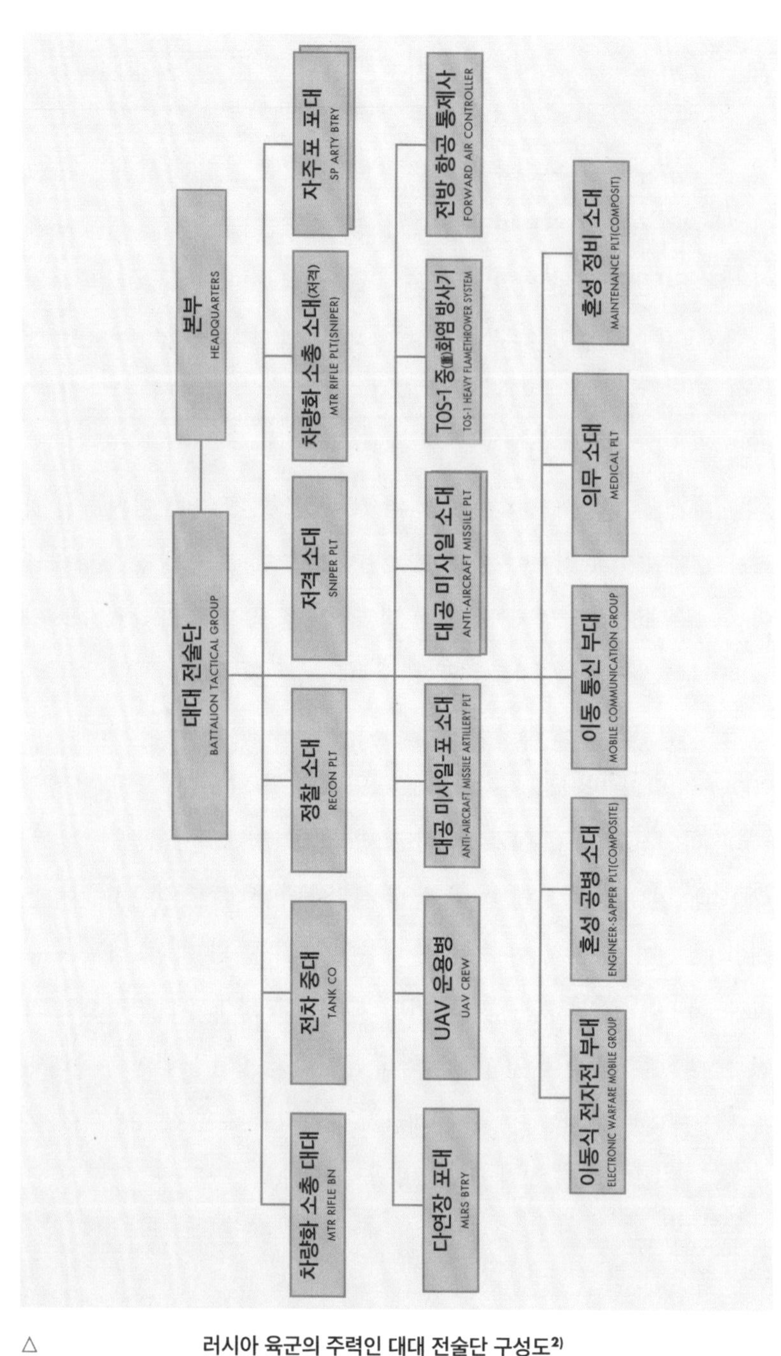


△ 러시아 육군의 주력인 대대 전술단 구성도[2]

## 경직된 상명하복식 통제형 지휘 체계

러시아군의 통제형 지휘 체계도 문제의 하나로 지적됐다. 소련군 시절부터 이어진 통제형 지휘 체계는 계획과 결심 수립에 대한 권한이 상급 부대 지휘관에게 집중돼, 전선에서 창의적이고 주도적인 임무 수행을 요구하기보다 지휘관의 계획과 명령을 충실히 실행할 것을 요구한다.

통제형 지휘 체계는 지휘부와 거리가 멀수록 현장의 상황을 제때 알기 어렵기 때문에 빠르게 변화하는 현장 상황에 신속하게 대응하기 어렵다. 이런 문제를 인지하고 있던 러시아군이 전선과 가까운 곳에 지휘소를 세우는 경우가 많아 지휘관들은 우크라이나군의 공격에 심심찮게 노출됐다.

이에 비해 우크라이나군은 소련식 통제형 지휘 체계를 버리고 NATO 회원국들이 채택한 임무형 지휘 체계를 받아들였다. 임무형 지휘 체계는 불확실성이 뚜렷한 전장에서 일선 지휘관에게 수단을 위임하고 행동에 대한 자율권을 부여하며 달성할 수 있는 임무를 제시함으로써 자유롭고 창의적인 전술 행동을 보장하는 것이다.

NATO 회원국들은 2014년 크름 반도 강제 합병 이후 독일에 우크라이나군 교육 프로그램을 마련했다. 그리고 2016년부터 전쟁 직전까지 합동 다국적 훈련 그룹-우크라이나JMTG-U라는 교육 과정을 통해 2만3,000명 이상을 교육시켰다. 한편, 우크라이나 안에서는 미국 육군 안보 지원 훈련 관리 기구SATMO 요원들이 2016년부터 우크라이나 보안군에 교리 개정, 전문 군사 교육 개선, NATO 상호 운용성 향상, 전투 준비 태세 강화를 위한 조언을 제공했다.[3]

하지만 서방식 교육을 받은 젊은 장교들이 전체 병력에 비해 숫자

△ 독일에 위치한 JMTG-U 부대 패치[4]

가 적고 전투 현장에서 사망하는 일이 잦아지자, 소련군에 뿌리를 둔 교육을 받은 나이 많은 장교들이 다시 전선에 배치되면서 내부 균열을 초래한다는 분석이 속속 나오고 있다.

# 전파 통제

전쟁 초기 러시아군은 병력 외에도 많은 것이 부족했다. 그 가운데 암호화된 통신을 제공할 수 있는 군용 무전기가 부족해서 중국제 민수용 무전기를 사용하는 일이 잦았고 휴대 전화를 사용하기도 했다.

보안이 취약한 무전기를 사용하면서 위치가 노출됨으로써 우크라이나군의 공격을 쉽게 받았고, 휴대 전화 통화가 우크라이나군에 의해 녹음돼 여론전 같은 인지전에 이용됐다. 특히 휴대 전화 통화나 소셜 미디어 활동은 민감한 정보의 유출 가능성과 함께 적의 심리전 공격을 받을 수 있고, 위치가 노출될 경우 적의 공격을 받을 수도 있다. 현지 시각으로 2022년 8월 8일 친러 성향의 한 기자가 텔레그램에 루한스크의 포나스바에 위치한 바그너 그룹 본부에서 부대원들과 찍은 사진을 올린 적이 있었다. 그런데 그 사진 때문에 본부의 주소가 고스란히 노출됐고, 정보를 입수한 우크라이나군에게 공격을 당해 큰 피해를 입었다.

▷
**러시아군은 R-187P1 군용 무전기 같은 암호화된 통신 장비가 부족했다**[5)]

휴대 전화를 사용하는 군인들을 노린 심리전은 전쟁 이전부터 있었다. 러시아는 돈바스 내전과 우크라이나 전쟁 직전에 전자전을 펼쳐, 우크라이나군이 사용하는 이동 통신망을 장악하고 투항하라는 문자 메시지를 보내 혼란을 유발시켰다.

군인들이 사용하는 휴대 전화로 인한 문제는 미국 육군과 마찬가지로 미국 국방부도 염려하는 부분이다. 이에 미국 국방부는 자신들이 사용하는 무전기나 지휘소에서 나올 수 있는 다양한 전자 신호 방출을 줄이는 방법을 모색하고 있다. 더불어 중국과 러시아가 중요하게 여기는 현대적 전자전 장비들은 통신 전파 외에 다양한 전자 기기에서 나오는 전자 신호도 감지할 수 있으므로 미국 국방부는 신호 관리에 많은 노력을 기울이고 있다.

# 드론 사용

우크라이나 전쟁에서는 정보, 감시 및 정찰과 공격에 사용되는 드론 같은 무인 시스템의 효율성이 입증됐다. 우크라이나와 러시아 중 먼저 드론을 적극적으로 활용한 나라는 돈바스 내전에서 분리주의 반군을 지원한 러시아였다.

돈바스 내전 당시 러시아군은 올란-10 드론으로 우크라이나 부대를 정확히 찾아내 포격을 유도했고, 드론에 탑재된 교란 장치는 우크라이나군의 통신과 정찰을 마비시켰다. 전쟁이 벌어진 이후에는 서방의 원조와 시중에서 구할 수 있는 상업용 드론 사용, 그리고 혁신적인 방식의 드론 활용 덕분에 이 방면에서만큼은 우크라이나가 러시아보다 앞서게 됐다.

시간이 지나면서 두 나라 모두 드론 사용의 형태가 바뀌고 있다. 우크라이나는 전쟁 초기에 튀르키예제 바이락타르 TB2를 주로 사용했지만, 러시아의 대공 방어로 많이 격추됨에 따라 미국이 지원한 스위

치블레이드 같은 자폭 드론을 사용하기 시작했다. 최근에는 자폭 드론과 함께, 현장에서 띄울 수 있는 상업용 소형 드론과 드론에서 촬영된 영상이 실시간으로 운용자에게 전달되는 일인칭 FPV 드론에 폭발물을 달아 비행 폭탄을 제조하고 있다.

러시아는 올란-10 같은 국산 드론의 소모가 극심해지자 란셋 같은 자폭 드론, 중국제 상업용 소형 드론, 이란제 샤헤드-136 자폭 드론 등을 대량 도입해 사용 중이다.

미국 육군은 우크라이나군의 상업용 드론 활용에 자극받아 2023년 6월 초 업계에 폭탄 운반용 소형 드론에 대한 제안서 제출을 요청하기도 했다. 미국 육군은 스카이디오사의 X2D 소형 드론을 정찰용으로 사용하는데, 우크라이나에서 널리 사용되는 전술을 모방해 이 드론으로 M67 수류탄을 투하하는 훈련도 하고 있다.

△ 우크라이나 전쟁은 상업용 소형 드론의 유용성을 확인시켜준 계기가 됐다.[6)]

저렴한 소형 드론은 전자전에 취약하지만, 여러 전문가들은 전자전에 대비해 드론 성능을 강화하는 것보다 더 많은 드론을 구입하고 비행시키는 게 낫다고 말하고 있다. 또한 전쟁에서 이들의 양은 그 자체로 질적인 측면을 갖는다고도 말한다. 즉, 드론이 소모품으로 사용할 수 있을 정도로 저렴해지고 많아지면, 한 대 혹은 수천 대를 잃더라도 더 비싼 시스템을 잃는 것만큼 큰 피해를 입지 않으므로 더 위험하고 다양한 임무에 사용할 수 있다고 주장한다.[7]

## 드론 막는 대드론

드론이 일반적인 무기로 자리 잡으면서 드론을 막는 대드론 무기나 장비에 대한 관심도 커지고 있다. 미국 국방부는 나고르노-카라바흐 전

△ 2023년 2월 한미 합동 훈련에 드론 건을 선보인 주한 미군[8]

쟁 이후 드론의 위협에 주목하고 대드론 노력에 집중적인 투자를 하고 있다. 심지어 드론 및 기타 무인 시스템은 미국이 대공 및 미사일 방어 시스템을 현대화하려는 이유의 일부로서 육군에 중요한 도전을 제기할 것이라고 워머스 육군성 장관이 언급할 정도다.

상업용 소형 드론은 낮게 날 경우 소총으로도 격추가 가능하다. 또한 강력한 전파로 통제권을 빼앗는 드론 건을 사용하거나 더욱 강력한 교란 장치로 통제 주파수를 교란시켜, 드론을 원래 출발점으로 돌아가게 하거나 추락시킨다.

상업용 소형 드론보다 큰 군용 드론이나 자폭 드론은 대공 방어 수단인 휴대용 지대공 미사일이나 대공포로 요격한다. 러시아가 이란에서 도입한 샤헤드-136 자폭 드론으로 인한 피해가 늘면서 순항 미사일보다 상대적으로 저렴한 이런 무기의 방어에 대해 여러 나라들이 고민하고 있다.

# 군수품

## 생산, 비축, 지원

전쟁 초기 러시아군은 군수 지원 및 무기 비축량 문제로 난항을 겪었다. 장거리 미사일 보유량이 충분하지 않아 우크라이나의 주요 시설과 대공 방어 시설, 그리고 지휘 통신망을 제압하는 데 실패했던 것이다. 뿐만 아니라 전투 현장에서 필요한 차량도 부족해서 병력과 장비를 위한 식량과 유류 등이 제때 지원되지 않았다.

이런 문제는 서방도 마찬가지였다. 전쟁이 발발하자 미국 육군과 유럽은 재블린과 스팅어 미사일을 포함한 수십억 달러 상당의 무기를 우크라이나에 보냈고, 여러 차례에 걸쳐 우크라이나군이 소모한 물량을 보충하기 위해 노력했다. 그러나 지원으로 공백이 생긴 자신들의 재고 물량을 빠르게 채우는 데 실패하는 바람에 우리나라를 포함한 다른 동맹국들에게서 부족한 포탄을 구해야 했다.

미국과 유럽은 전쟁 초기부터 첨단 미사일은 물론 재래식 포탄 생산량을 늘리는 데 어려움을 겪었다. 이전부터 러시아와의 긴장이 높아지고 있었음에도, 안이한 판단으로 충분한 생산 능력과 재고를 확보하지 않아 문제가 발생했다.

여기에 코로나19 대유행과 러시아에 부과된 제재로 탄약과 미사일 생산에 필요한 안티몬 같은 필요 자원의 공급난이 더해졌다. 생산업체들은 생산 라인과 인력 유지를 이유로 각국 정부가 다년간 계약을 맺지 않을 경우 생산량 확대를 기피했다.

워머스 미국 육군성 장관은 우크라이나 전쟁에서 산업 기반과 군수품 비축량 유지의 중요성을 강조하며, 장기간의 분쟁에 휘말릴수록 그 중요성은 더욱 커진다고 밝혔다. 미국의 전략 국제 문제 연구소CSIS는 미국의 방위 산업이 대규모 전쟁에 대비해 생산을 빠르게 늘릴 수 없음을 지적했다.

최근 미국과 유럽은 미사일과 탄약 생산을 늘리기 위해 본격적인 투자를 시작했고 업체들도 이에 부응하기 위해 노력하고 있다. 예를 들어, 미국 업체들은 재블린 대전차 미사일을 연간 3,960발 생산하고, 스팅어 미사일은 2025년까지 월당 60발 생산할 계획이다. 포탄 생산량 증대를 위해서도 다년간 계약을 준비하고 있으며, 포탄 비축량도 늘릴 예정이다.

# 사이버 공격

# 방어

사이버 공격 방어는 워머스 육군성 장관이 밝힌 다섯 가지 교훈에는 포함되지 않지만 여러 사례에서 중요성이 강조되고 있다. 사이버전은 공격자를 파악하거나 보복하기가 어려워 사전 예방과 복구가 더욱 중요하다.

전쟁 이전부터 우크라이나에 대한 러시아의 사이버전으로 인해 우크라이나 변전소가 공격을 받아 정전이 발생하는 등의 피해가 있었다. 그리고 전쟁 직후 러시아는 해커 집단을 동원해 100개 이상의 우크라이나 기관에 사이버 공격을 실시했다. 이 공격으로 우크라이나 주요 기관, 미디어 등에서 컴퓨터에 저장된 많은 파일이 삭제되거나 주요 시스템이 마비됐다.

공격은 우크라이나로 한정되지 않았다. 러시아가 우크라이나를 침공한 2022년 2월 24일 미국의 통신 회사 비아샛이 관리하는 통신 위성 KA-샛과 연결된 수천 대의 모뎀이 사이버 공격을 받아 유럽 일부 지역에서 한 달 넘게 서비스를 이용하지 못했다. 이 공격으로 중부 유럽에 있는 에너콘사가 관리하는 풍력 터빈 5,800대의 원격 제어가 영향을 받았다. 해당 사건을 조사한 보안 업체 관계자들은 서로 다른 네트워크를 연결해주는 라우터를 영구적으로 무력화시키도록 설계된 악성 코드가 사용됐으며, 이는 2018년 러시아군이 수행한 사이버 작전에 사용된 악성 코드와 비슷한 것이라고 밝혔다. 이를 근거로 EU는 비아샛의 KA-샛 네트워크 공격을 러시아의 작전으로 규정하고 러시아를 비난하고 나섰다. 이 밖에도 우크라이나에 제공된 스타링크 인터넷 통신 시스템에 대한 사이버 공격도 여러 차례 시도됐다.

우크라이나 정부와 중요 기관의 웹사이트는 러시아의 사이버 공격을 여러 차례 받았지만 큰 어려움 없이 작동하고 있다. 이는 우크라이나가 전쟁 이전부터 사이버전에 대비가 돼 있었고, 서방 국가와 기업의 지원을 받아 사이버 보안 및 사이버 복원력을 잘 갖췄기 때문이다. 참고로, 사이버 보안은 네트워크와 데이터를 보호하는 기술이고, 사이버 복원력은 사이버 위협과 과제를 사전에 탐지해 예방·대응·복구하는 기술이다.

우크라이나에 도움을 준 곳으로 2023년 5월 공식 가입한 에스토니아의 수도 탈린에 있는 NATO 산하 사이버 방위 센터CCDCOE도 있다. 에스토니아는 2007년 구소련 기념물 철거 문제로 러시아로부터 강력한 사이버 공격을 당했다. 이때의 경험을 바탕으로 탈린에 NATO 사이버 방위 센터를 설립했고, 2013년 3월 일명 탈린 매뉴얼로 불리는 사이버 교전 규칙을 만들었다.

사이버전 분야에 대한 에스토니아의 풍부한 경험은 다른 NATO 회원국은 물론 NATO 회원국이 아닌 나라에도 시사하는 바가 크다.

△ 에스토니아의 탈린에 있는
CCDCOE 로고[9]

에스토니아와 우크라이나의 사례에서 보듯 파괴적인 사이버 공격이라 할지라도 준비 상태에 따라 피해 결과가 현저히 달라진다는 것을 알 수 있다.

앞으로 우크라이나 전쟁에 대해서 더 많은 분석이 이뤄질 것이며, 이에 따라 새로운 교훈도 등장할 것이다. 우크라이나 전쟁에서 비롯된 교훈은 우크라이나 전쟁에 국한된 것만은 아니다. 앞에 소개한 내용들은 우리나라를 포함해 많은 나라의 군대, 정부, 방위 산업 관련 기관들에게 적용될 수 있는 공통적인 것들이다. 이 교훈들을 바탕으로 전쟁의 위험이 여전한 우리의 현실에 맞춰 철저한 대비를 해야 한다.

# 자료 출처

## 1부. 변화하는 세계

1) http://duma.gov.ru/news/44897/
2) https://data.worldbank.org/indicator/MS.MIL.XPND.GD.ZS?end=2021&locations=CN&start=1989&view=chart
3) https://www.youtube.com/c/azerbaijan_mod/videos
4) https://spravdi.gov.ua/en/a-gesture-of-goodwill-how-russia-invents-justifications-for-its-losses-in-and-how-the-mobilization-can-disrupt-the-situation/
5) https://www.uscc.gov/sites/default/files/2022-06/Kristin_Vekasi_Testimony.pdf

## 2부. 무기 발전의 동향

1) https://gur.gov.ua/en/content/rosiiski-komandyry-vykorystovuiut-svoikh-soldativ-iak-harmatne-miaso.html
2) http://roe.ru/eng/press-service/press-releases/rosoboronexport-army-2017-demonstrated-great-international-interest-in-russian-weapons/?sphrase_id=203738
3) https://www.rheinmetall-defence.com/en/rheinmetall_defence/systems_and_products/vehicle_systems/armoured_tracked_vehicles/panther_kf51/index.php
4) https://rheinmetall-defence.com/media/editor_media/rm_defence/publicrelations/messen_symposien/eurosatory_bilder/2022/downloads/fahrzeuge/tracked_vehicles/B325e05.22_Panther_KF51.pdf
5) https://www.knds.com/press-area/detail/?tx_neproductdownloads_

detail%5Baction%5D=show&tx_neproductdownloads_detail%5Bcontroller%5D=Productdownloads&tx_neproductdownloads_detail%5Brecord%5D=2&cHash=e2ccee6a2f59338e6c2a1f5cfc95b247

6) https://www.rafael.co.il/worlds/land/trophy-aps/

7) https://english.mod.gov.il/About/Innovative_Strength/Pages/Tank_and_APC_Directorate.aspx

8) https://elbitsystems.com/pr-new/elbit-systems-introduces-ironvision-helmet-mounted-system-armored-fighting-vehicles/

9) https://www.army.mil/article/186301/redlegs_train_on_new_m777_howitzer

10) https://www.baesystems.com/en-media/uploadFile/20210610163553/1434666507459.pdf

11) 필자 제공

12) https://www.army.mil/article/239758/army_pursues_new_mid_range_missile_to_fill_gap_in_precision_fires

13) https://www.army.mil/article/253170/ivas_allows_maximum_mission_awareness_in_transit

14) https://asc.army.mil/web/news-accelerated-acquisition/

15) https://www.wpafb.af.mil/News/Article-Display/Article/399436/f-35-training-year-of-execution-in-review/

16) https://www.airbus.com/en/newsroom/press-releases/2022-12-europes-future-combat-air-system-on-the-way-to-the-first-flight

17) https://www.af.mil/About-Us/Fact-Sheets/Display/Article/2682973/b-21-raider/

18) https://www.afrl.af.mil/News/Article-Display/Article/2855505/rapid-dragon-conducts-palletized-munition-demonstration-using-production-long-r/

19) https://www.darpa.mil/news-events/2021-11-05

20) https://www.army.mil/article/200542/amrdec_announces_bells_v_280_joint_multi_role_tiltrotor_flown_by_army_pilot

21) https://www.darpa.mil/news-events/2022-02-08

22) https://www.drdo.gov.in/sites/default/files/publcations-document/ASAT_book_English.pdf

23) https://mil.in.ua/en/news/poland-transfers-8-000-starlink-terminals-to-ukraine/
24) https://www.thalesgroup.com/en/worldwide/space/press_release/thales-alenia-space-signs-contract-european-commission-and-announces
25) https://www.navsea.navy.mil/Media/News/SavedNewsModule/Article/777551/us-navy-accepts-delivery-of-future-uss-zumwalt-ddg-1000/
26) https://blog.naver.com/dapapr/221359052680
27) https://www.navsea.navy.mil/Media/News/Article/3123644/nuwc-division-newport-tests-snakehead-large-displacement-unmanned-undersea-vehi/
28) https://www.c7f.navy.mil/Media/News/Display/Article/2966196/indo-pacific-command-conducts-carrier-based-air-demonstration-in-the-yellow-sea/
29) https://baykartech.com/en/bayraktar-tb3/

## 3부. 게임 체인저

1) https://www.afgsc.af.mil/News/Article-Display/Article/2088778/usstratcom-tests-all-three-legs-of-the-nuclear-triad/
2) https://www.gao.gov/blog/faster-speed-sound-u.s.-efforts-develop-hypersonic-weapons
3) https://www.airmanmagazine.af.mil/Features/Display/Article/2698845/hypersonics-adding-speed-to-the-quiver/
4) https://www.airmanmagazine.af.mil/Features/Display/Article/2698845/hypersonics-adding-speed-to-the-quiver/
5) https://www.sda.mil/space-development-agencys-satellite-plan-gets-new-name-but-focus-on-speed-stays/
6) https://www.pacom.mil/Media/News/Article/707735/missile-system-would-greatly-increase-defense-capability-in-south-korea/
7) https://www.peostri.army.mil/directed-energy-test-det-
8) https://www.aftc.af.mil/News/On-This-Day-in-Test-History/Article-Display-Test-History/Article/2462050/february-3-2010-testing-of-yal-1-airborne-laser-test-bed/
9) https://www.army.mil/article/249511/the_army_rapid_capabilities_and_critical_

technologies_offices_directed_energy_maneuver_short_range_air_defense_de_m_shorad_rapid_prototyping_effort_is_on_track_to_deliver
10) https://www.lockheedmartin.com/en-us/news/features/2020/tactical-airborne-laser-pods-are-coming.html
11) https://apps.dtic.mil/sti/pdfs/AD1097009.pdf
12) https://www.army.mil/article/74262/white_sands_tests_tank_for_us_ally
13) https://www.kirtland.af.mil/Portals/52/documents/HPM.pdf?ver=2016-12-19-170711-837
14) https://www.af.mil/News/Article-Display/Article/2511792/army-partners-with-air-forces-thor-for-base-defense/
15) https://ssr.seas.harvard.edu/kilobots
16) https://www.army.mil/article/226920/ccdcs_road_map_to_modernizing_the_army_air_and_missile_defense
17) https://www.darpa.mil/program/gremlins
18) https://www.army.mil/article/66061/exercise_integrates_manned_unmanned_aircraft
19) https://www.l3harris.com/all-capabilities/mumti-manned-unmanned-teaming-international-airborne-data-link-system
20) https://www.army.mil/article/233690/dod_adopts_5_principles_of_artificial_intelligence_ethics
21) https://www.army.mil/article/199133/the_artificial_becomes_real
22) https://blog.synthetaic.com/synthetaic-blog/chinese-balloon
23) https://www.darpa.mil/news-events/2021-03-18a
24) https://www.rafael.co.il/worlds/land/multi-service-network-centric-warfare/

## 4부. 현대전과 미래전을 이해하기 위해 알아두면 좋은 용어

1) https://striveindia.in/shades-of-grey-warfare-options-for-india/
2) https://www.armyupress.army.mil/Portals/7/military-review/Archives/English/SO-19/Precis-Unrestricted-Warfare.pdf

3) https://cco.ndu.edu/News/Article/1507653/perils-of-the-gray-zone-paradigms-lost-paradoxes-regained/
4) https://www.armyupress.army.mil/Journals/Military-Review/English-Edition-Archives/January-February-2021/Panter-Maritime-Militia/
5) https://www.defense.gov/News/News-Stories/Article/Article/3290090/us-navy-collecting-surveillance-balloon-debris/
6) https://apps.dtic.mil/sti/pdfs/ADA529365.pdf
7) https://www.atlanticcouncil.org/blogs/ukrainealert/remembering-the-day-russia-invaded-ukraine/
8) https://roe.ru/eng/catalog/air-defence-systems/elint-and-ew-equipment/izdeliya-1l266e-1l265e-1l269e-1rl257e/
9) https://www.ramstein.af.mil/News/Article-Display/Article/2172247/fact-check-dangers-of-covid-19-misinformation/
10) https://eng.mil.ru/en/structure/forces/cosmic/more/photo/gallery.htm?id=65472@cmsPhotoGallery
11) https://www.armyupress.army.mil/Journals/Military-Review/English-Edition-Archives/September-October-2019/Faulkner-Contempo-China/
12) https://www.army.mil/article/234845/futures_and_concepts_center_evaluates_new_force_structure
13) https://www.af.mil/News/Article-Display/Article/1644211/indo-pacom-wraps-up-valiant-shield-2018/
14) https://www.armyupress.army.mil/Journals/Military-Review/English-Edition-Archives/July-August-2017/Perkins-Multi-Domain-Battle/
15) https://cso-wp-site.staging.dso.mil/wp-content/uploads/2022/10/10-13-2022-DevSecOps-CoP-Slides-JADC2-FINAL.pdf
16) http://roe.ru/eng/catalog/air-defence-systems/air-defense-systems-and-mounts/s-400-triumf/
17) https://www.darpa.mil/work-with-us/darpa-tiles-together-a-vision-of-mosiac-warfare
18) https://www.darpa.mil/news-events/2020-01-17
19) https://academic.oup.com/jogss/article/7/4/ogac016/6647447

20) http://eng.mod.gov.cn/focus/2018-03/28/content_4808026_6.htm
21) https://embassies.gov.il/MFA/Hasbara/Pages/Hamas-attacks-from-civilian-population-areas.aspx
22) https://www.idf.il/en/articles/hafatzot/02-2023/the-idf-struck-an-underground-complex-used-for-the-manufacturing-of-rockets-and-additional-military-posts-belonging-to-the-hamas-terrorist-organization/
23) https://www.un.org/fr/desa/world-urbanization-prospects-2018-more-megacities-future
24) https://api.army.mil/e2/c/downloads/2023/01/19/e9325e8b/17-24u-mosul-study-group-what-the-battle-for-mosul-teaches-the-force-sep-17-public.pdf
25) https://api.army.mil/e2/c/downloads/351235.pdf

## 5부. 세계 무기 시장 경쟁

1) https://sipri.org/sites/default/files/2023-04/2304_fs_milex_2022.pdf
2) https://data.worldbank.org/indicator/MS.MIL.XPND.CD?end=2021&locations=RU-CN-US&start=1986
3) https://www.sipri.org/sites/default/files/2021-01/2101_sipri_report_a_new_estimate_of_chinas_military_expenditure.pdf
4) https://www.sipri.org/sites/default/files/2023-03/2303_at_fact_sheet_2022_v2.pdf
5) https://www.sipri.org/sites/default/files/2023-03/2303_at_fact_sheet_2022_v2.pdf
6) http://roe.ru/eng/catalog/aerospace-systems/fighters/su-35/
7) https://www.dassault-aviation.com/en/passion/from-ouragan-to-rafale/rafale/
8) https://www.bmc.com.tr/en/defense-industry/altay
9) https://www.sipri.org/sites/default/files/2022-12/fs_2212_top_100_2021.pdf
10) https://people.defensenews.com/top-100/
11) https://investors.rtx.com/static-files/368887d6-0525-431d-aee1-efbd5b2929e9
12) https://www.mbda-systems.com/about-us/mbda-worldwide/

## 6부. 우크라이나 전쟁이 보여준 5가지 교훈

1) Andrew Eversden, “US Army secretary: 5 lessons from the Ukraine conflict”, breakingdefense.com, 2022.06.01.
2) https://www.moore.army.mil/infantry/magazine/issues/2022/Fall/PDF/8_Grau.pdf
3) https://www.7atc.army.mil/JMTGU/
4) https://www.7atc.army.mil/JMTGU/
5) https://roe.ru/eng/catalog/land-forces/military-communications-equipment-and-automated-control-systems/radiocomms/azart/
6) https://mpmr.gov.ua/news/3648/kupili-ta-peredali-nasim-zahisnikam-cergovij-dron
7) Sydney J. Freeberg Jr. “Dumb and cheap: When facing electronic warfare in Ukraine, small drones’ quantity is quality”, breakingdefense.com, 2023.06.13.
8) https://www.army.mil/article/266613/eighth_army_rok_army_complete_joint_counter_drone_exercises
9) https://ccdcoe.org/news/2014/centre-contributed-to-the-new-estonian-cyber-security-strategy/

# 영문 약어 정리

| | |
|---|---|
| A2/AD | Anti-Access/Area Denial |
| ABMS | Advanced Battle Management System |
| ACE | Air Combat Evolution |
| AFRL | Air Force Research Laboratory |
| AIP | Air-independent Propulsion |
| ALIAS | Aircrew Labor In-Cockpit Automation System |
| AMASS | Autonomous Multi-Domain Adaptive Swarms-of-Swarms |
| AMRAAM | Advanced Medium-Range Air-to-Air Missile |
| APC | Armoured Personnel Carrier |
| APS | Active Projects Solutions |
| ATACMS | Army Tactical Missile System |
| AVIC | Aviation Industry Corporation of China |
| BB | Base Bleed |
| CCA | Collaborative Combat Aircraft |
| CCDCOE | Cooperative Cyber Defence Centre of Excellence |
| CEC | Cooperative Engagement Capability |
| CEP | Circular Error Probability |
| CHAMP | Counter-electronics High Power Microwave Advanced Missile Project |
| CLWS | Compact Laser Weapon System |
| CPS | Conventional Prompt Strike |
| CSIC | China Shipbuilding Industry Corporation |
| CSIS | Center for Strategic and International Studies |
| CSSC | China State Shipbuilding Corporation |

| | |
|---|---|
| CTA | Cased Telescoped Armament |
| DARPA | Defense Advanced Research Projects Agency |
| DE-MSHORAD | Directed Energy-Maneuver Short-Range Air Defense |
| EDA | European Defence Agency |
| EMALS | Electromagnetic Aircraft Launch System |
| EMBT | European Main Battle Tank |
| EMP | Electromagnetic Pulse |
| ENGRT | EU Next Generation Rotorcraft Technologies |
| ERA | Explosive Reactive Armour |
| ERAP | Extended-Range Artillery Projectile |
| ERCA | Extended Range Cannon Artillery |
| EU HYDEF | European Hypersonic Defence Interceptor |
| FARA | Future Attack Reconnaissance Aircraft |
| FCAS | Future Combat Air System |
| FLRAA | Future Long-Range Assault Aircraft |
| FMTC | Future Medium-size Tactical Cargo |
| FPV | First Person View |
| GCAP | Global Combat Air Programme |
| GDP | Gross Domestic Product |
| GMLRS | Guided Multiple Launch Rocket System |
| HACM | Hypersonic Attack Cruise Missile |
| HALO | Hypersonic Air-Launched Offensive Anti-Surface Warfare |
| HBTSS | Hypersonic and Ballistic Tracking Space Sensor |
| HEL | High Energy Laser |
| HELIOS | High Energy Laser with Integrated Optical-dazzler and Surveillance |
| HEL-MD | High Energy Laser Mobile Demonstrator |
| HiJENKS | High-Powered Joint Electromagnetic Non-Kinetic Strike Weapon |
| HIMARS | HIgh Mobility Artillery Rocket System |
| HPM | High-Power Microwave |
| I2CEWS | Intelligence, Information, Cyber, Electronic Warfare and Space |

| | |
|---|---|
| IBCS | Integrated Air and Missile Battle Command System |
| ICT | Information and Communication Technology |
| IFPC-HEL | Indirect Fire Protection Capability-High Energy Laser |
| IFPC-HPM | Indirect Fire Protection Capability-High-Power Microwave |
| IFV | Infantry Fighting Vehicle |
| INF | Intermediate-Range Nuclear Forces Treaty |
| ISR | Intelligence, Surveillance, and Reconaissance |
| IVAS | Integrated Visual Augmentation System |
| JADC2 | Joint All Domain Command & Control 2 |
| JASSM | Joint Air-to-Surface Standoff Missile |
| JASSM-ER | Joint Air-to-Surface Standoff Missile-Extended Range |
| JSTARS | Joint Surveillance Target Attack Radar System |
| KMW | Krauss-Maffei Wegmann |
| KNDS | KMW+NEXTER Defense Systems |
| LAWS | Lethal autonomous weapon systems |
| LHD | Landing Helicopter Dock |
| LRASM | Long Range Anti-Ship Missile |
| LRHW | Long-Range Hypersonic Weapon |
| LRPF | Long Range Precision Fires |
| LST | Landing Ship, Tank |
| MDO | Multi-Domain Operation |
| MDTF | Multi-Domain Task Force |
| MGCS | Main Ground Combat System |
| MUM-T | Manned-Unmanned Teaming |
| NATO | North Atlantic Treaty Organization |
| NCW | Network-centric Warfare |
| NDS | National Defense Strategy |
| New STARTS | New Strategic Arms Reduction Talks |
| NGAD | Next Generation Air Dominance |
| NGRC | Next Generation Rotorcraft Capability |

| | |
|---|---|
| NGSW | Next Generation Squad Weapons |
| NLAW | Next generation Light Anti-tank Weapon |
| NSS | National Security Strategy |
| OFFSET | OFFensive Swarm-Enabled Tactics |
| OpFires | Operational Fires |
| OPIR | Overhead Persistent Infrared |
| PGK | Precision Guidance Kit |
| Pk | Probability of kill |
| PrSM | Precision Strike Missile |
| RAP | Rocket-Assisted Projectile |
| RCV | Robotic Combat Vehicle |
| SATOC | Strategic Air Transport for Outsized Cargo |
| SHiELD | Self-Protect High-Energy Laser Demonstrator |
| SIPRI | Stockholm International Peace Research Institute |
| STANAG | Standardization Agreement |
| TALWS | Tactical Airborne Laser Weapon System |
| THAAD | Terminal High Altitude Area Defense |
| THEL | Tactical High Energy Laser |
| THOR | Tactical High-Power Operational Responder |
| VTOL | Vertical Take-Off and Landing |

# 전쟁을 잇다: 전쟁, 무기, 전략 안내서

**1판 1쇄 인쇄** 2023년 8월 25일
**1판 1쇄 발행** 2023년 9월 22일

**지은이** 최현호

**발행인** 황민호
**본부장** 박정훈
**책임편집** 강경양
**편집기획** 김순란 김사라
**마케팅** 조안나 이유진 이나경
**국제판권** 이주은
**제작** 최택순

**발행처** 대원씨아이㈜
**주소** 서울특별시 용산구 한강대로15길 9-12
**전화** (02)2071-2094
**팩스** (02)749-2105
**등록** 제3-563호
**등록일자** 1992년 5월 11일

**ISBN** 979-11-7124-206-1 03390